U0348781

Hundred-Year-Old Physician
taught me
About
childcare

# 百岁医师教我的
# 育儿宝典

林奂均 ◎ 著

江苏文艺出版社
JIANGSU LITERATURE AND ART
PUBLISHING HOUSE

**图书在版编目（CIP）数据**

百岁医师教我的育儿宝典 ／ 林奂均著. —南京：江苏文艺出版社，
2013.12

ISBN 978-7-5399-6539-0

Ⅰ．①百… Ⅱ．①林… Ⅲ．①新生儿—哺育—基本知

识 Ⅳ．①TS976.31

中国版本图书馆CIP数据核字（2013）第207944号

江苏省版权局著作权合同登记号　　图字：10-2013-435号

书　　　　名　**百岁医师教我的育儿宝典**
作　　　　者　林奂均
出 版 统 筹　黄小初　侯　开
责 任 编 辑　姚　丽
文 字 编 辑　杨　琴
装 帧 设 计　苏　涛
责 任 监 制　刘　巍　江伟明
出 版 发 行　凤凰出版传媒股份有限公司
　　　　　　江苏文艺出版社
出版社地址　南京市中央路165号，邮编：210009
出版社网址　http://www.jswenyi.com
经　　　　销　凤凰出版传媒股份有限公司
印　　　　刷　三河市航远印刷有限公司
开　　　　本　880×1230毫米　1/32
字　　　　数　100千字
印　　　　张　6
版　　　　次　2013年12月第1版，2013年12月第1次印刷
标 准 书 号　ISBN 978-7-5399-6539-0
定　　　　价　32.00元

江苏文艺版图书凡印刷、装订错误可随时向承印厂调换

如果你经常摇着宝宝入睡、唱歌给宝宝听或一直抱着宝宝，而且每次都是满怀爱心去做，就不会对宝宝有什么害处。可是问题就出在很多父母乐意为宝宝开始这个习惯，但是当他们累了或者想做别的事时，宝宝如果一定要人摇他、抱他或唱歌给他听，他们就会很生气，不愿意继续维持宝宝爱上的这个习惯。当孩子发现父母不见得可以信赖时，心灵就会受伤。如果是我们自己开始这个习惯，那么当孩子要求我们继续维持这个习惯时，我们就不能够生气。父母若想培养出一个快乐、有安全感的孩子，就应该在家里的每面墙上都大大写上"一致"两个字。

——丹玛医师

# 目 录
## CONTENTS

我对"一觉到天亮"的定义：连

**第三章** 宝宝哭了怎么办

**第四章** 小宝宝吃什么

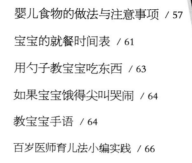

第五章　　较大宝宝吃什么

第六章　　给新手爸妈的一些建议

**结 语**　愿更多人体验到养儿育女的喜悦

附录

# 【作者声明】

本书中的想法、做法和建议，是在补充而非取代专业医生的建议。采用本书建议之前，请先问过您的医生，如果宝宝的情况需要医生的诊断或治疗，也请您先就医。

# 我的育儿智囊团

## 幸运的我

我结婚生子之后，身边围绕了一群顶尖的育儿高手，只是我当时并不知道自己如此幸运。我最好的朋友虽然小我一岁，那时已经有3个孩子，现在有5个，并且怀了第6个。她的家庭安详和乐、井然有序，5个孩子全在出生第6周到第10周之间就能够一觉睡到天亮。除了这个最好的朋友，我先生的姑姑玛蒂亚也给了我很多帮助，她生了11个孩子，我可没开玩笑，11个！她的老幺今年3岁，跟我的二女儿同龄。这11个孩子全是她自己带，没请保姆，没请佣人，而且她看起来仍然美丽动人，身材苗条，她常跟大家说她是个快乐的妈妈。她把家整理得井井有条，每个宝宝在经过10天内的训练之后，都能够一觉睡到天亮，她的老大甚至才训练4天就能够一觉到天亮！

左为玛蒂亚姑姑抱着第11个孩子，右为我抱着老三。

　　玛蒂亚姑姑写了一本育儿的书——《丹玛医师说》（Dr. Denmark Said It），成了我最重要的育儿手册。她在书中详细记录了丹玛医师的育儿良言。丹玛医师是玛蒂亚姑姑的小儿科医师，也是全美国经验最丰富的小儿科医师（可能也是全球经验最丰富的小儿科医师之一）。丹玛医师在医学上的一大成就是，投注11年的时间研究百日咳疫苗，也就是今天每个孩童都必须接种的白喉、百日咳、破伤风三合一疫苗（DTP）中的百日咳疫苗。1998年，丹玛医师满百岁，她行医超过70年，直到103岁才因视力逐渐衰退而退休，但她仍然接受电话咨询，有很多人（包括我和我的朋友）会打长途电话向她请教。丹玛医师如今仍然头脑清楚，和蔼可亲，思路敏捷……而且仍在帮助许许多多的人。我和我的孩子仍不断地从她的育儿忠告中获益良多。

所以，自从我怀了第一个孩子，就有一个完美的智囊团做靠山——有全美经验最丰富的小儿科医师，有养育11个孩子的妈妈，还有许许多多懂得训练宝宝一觉睡到天亮的妈妈朋友。现在轮到我来分享所学到的实用育儿智慧了。我见过很多家庭因为新生儿的来临，全家人累得精疲力竭，才一个小小的婴儿就把全家搞得鸡飞狗跳！相比之下，有些家庭虽然有五六个孩子，甚至11个孩子，但每一个孩子都是在全家浓浓的期盼和爱的氛围中诞生、成长，整个过程毫不慌张，充满安详与惊喜，父母轻松，孩子满足。育儿的方式其实可以截然不同！我写这本书的目的很简单，就是希望能够帮助更多的父母轻松育儿，让家中的气氛更加安详与平和。

## 百岁医师的忠告

也许你心里会想，不知道能不能信任这个一百多岁的医师，担心她的医学常识已经过时。我跟你保证，丹玛医师给为人父母者的忠告，很多人直到今天仍受用无穷，而且她的医学智慧与育儿理念早就经过了时间的考验，这一点正是当今的医学理论所欠缺的！我信任丹玛医师在医学方面的智慧，因为她的理念远超越这个时代各种不同的趋势和潮流。亲爱的读者，你难道不知道吗？目前所流行的医学主张不见得都是正确的！这么多年来，所谓的医学"权威人士"，不知道犯过多少错误。比如说，20世纪六七十年代的医学专家，鼓励妈妈们喂宝宝配方奶，很多母亲就盲目地听从所谓医学专家的建议，导致很多妈妈打回奶针，小婴儿不得不喝奶粉。我自己就是喝奶粉长大的。几年后研究发现，当初那个建议实在错得离谱！据统计，喝奶粉长大的婴儿比较容易生病，也比较容易过敏。因为配方奶里少了母乳中所具备的抗体，而婴儿非常需要这种抗体来建立免疫系统。从很多方面来看，喝母乳都是非常好的，比如说，宝宝不容易过敏，母乳好消化，妈妈罹患乳癌的几率也会降低等等。现在，许多年过去了，医学专家的看法有了180度的大转变，他们改变了原来的说法，重新鼓励母亲给宝宝喂母乳。

所谓"专家"（医师、心理医师、时事评论家）讲的话，不要一字不漏地轻易相信。妈妈们首先要自己好好想想，运用常

识来判断一下有没有道理。我在本书中所分享的方法，不但在我
自己的家庭中奏效，在许许多多使用这些方法的家庭中也都有惊
人的效果。本书中凡引述丹玛医师的话，都是摘自玛蒂亚姑姑所
写的《丹玛医师说》，以及丹玛医师所写的《每个孩子都应该有
机会》（*Every Child Should Have A Chance*）。希望妈妈们通过
本书认识丹玛医师后，会渐渐喜欢上她，而本书中多处摘录她智
慧、风趣与合乎常理的主张，也希望能够带给你帮助。最重要的
是，我希望本书能够帮助更多的人重拾养儿育女之乐。

《丹玛医师说》封面。

# Chapter 1

第一章

如何照顾新生儿

**丹玛医师说：**

是你们搬进去跟宝宝住，还是宝宝搬进来跟你们住？

## 首先就要制定作息时间表

我要分享一下我婆婆的经历。当年我婆婆初为人母时，都是宝宝一哭就喂奶，差不多每两个小时喂一次，连半夜也不例外。她生了4个孩子，前3个孩子的年龄依次只差两岁，她说头6年带孩子的记忆如今一片模糊，什么也想不起来。她不太记得孩子小时候的情形，因为她那时根本就忙昏头了。现在她看见我们夫妻按照丹玛医师的方式，为孩子制定作息时间表，她就觉得很羡慕，当初若晓得这个方法该有多好。

今天绝大多数的医生都鼓励母亲宝宝一哭就喂奶，或是每两个小时喂一次奶。如果你很喜欢这种宝宝一哭就喂奶的方式，本书恐怕不太适合你。但根据我的观察，宝宝一哭就喂奶的妈妈，绝大多数都睡眠不足，身体疲惫，心情沮丧。一哭就喂奶的宝宝比较会哭闹，家里的气氛通常比较混乱。我常听年轻的父母说，他们只想生一个，因为带孩子太累了，而且很麻烦。一旁的祖父母听了，也同意地点头。才一个小小的婴儿，似乎就能够把全家大小累得精疲力竭！但育儿的方式其实可以截然不同。照顾婴儿可以简单又有条理，家里依旧可以很安宁，父母有较多的精力享受育儿的乐趣，并且期待再生下一个。我写本书的用意，就是要提供一套不同的育儿方式，给那些精疲力竭的父母。

## 作息时间表范例

带着宝宝出院回家后，就要立刻训练宝宝适应家中的作息规律。先为宝宝制定一个作息时间表，训练他在固定的时间吃奶和睡觉。想要宝宝健康，想要家中依旧安宁，制定个好的作息时间表非常重要。

每4个小时喂一次奶，新生儿晚上应该有七八个小时的睡眠时间，而且是一觉到天亮。下面是一个作息时间表的范例：

早上6点　　喂奶

早上10点　　喂奶

下午2点　　喂奶

晚上6点　　喂奶

晚上10点　　喂奶

若从早上7点开始，那就分别在早上7点、11点、下午3点、晚上7点和11点喂奶。

## 如何严格遵守作息时间表？

### 一、把宝宝叫醒

到了喂奶时间，就把宝宝叫醒。如果希望宝宝晚上能够一觉到天亮，而不是白天一直睡觉，我的做法是：喂奶时间快到时就把宝宝的房门打开，进去把窗帘拉开，让宝宝慢慢醒过来。如果喂奶时间到了，宝宝还在睡觉，我会把宝宝抱起来，交给喜欢宝宝的人抱一下，比如爸爸、爷爷、奶奶或亲友，请他们轻轻地叫醒宝宝。可以轻声跟宝宝说话，亲亲他，慢慢把他叫醒，也可以帮他脱掉几件衣服。

## 二、要喂饱

每次喂奶都一定要喂饱。喂母乳时，每边各喂10到15分钟。我们常跟宝宝开玩笑地说："这不是吃点心哦。"尽量让宝宝在吃奶时保持清醒。如果宝宝还没吃饱就开始打瞌睡，可以挠挠他的脚底，摸摸他的小脸，或是把奶头拔开一段距离。尽量让宝宝吃够，可以撑到下次喂奶的时间。

## 三、努力遵行"喂奶—玩耍—睡觉"的循环模式

白天的时候，不要让宝宝一吃完奶就睡觉。如果你在喂完奶后跟宝宝玩一下，他会玩得很开心，因为他才刚吃饱，觉得很满足。等宝宝玩累了之后，再上床就会睡得比较熟、比较久。等下次的喂奶时间一到，宝宝醒来时，刚好又是空腹。很多人采用的是"喂奶—睡觉—玩耍"的循环模式。我认为这样的循环会让宝宝醒来时，肚子呈半饥饿状态，所以不能玩得很开心。宝宝可能也会觉得有点累，因为睡得不熟或比较短。宝宝醒来时如果是半饥饿、半疲倦的状态，一定会哭闹得厉害，这时妈妈就很容易在宝宝尚未空腹的情况下提前喂奶，结果宝宝就养成整天都在吃点心的习惯。这是一个恶性循环。

要怎么跟宝宝玩呢？动作一定要很轻。喂完奶、拍背打嗝后，可以跟宝宝说话，唱歌给宝宝听，看着宝宝的眼睛，摆动

宝宝的脚，抱着宝宝在家里走一走。我们家孩子小的时候，我常让她们趴在毯子上，让她们看看家人在做什么。如果大家在吃饭，就把宝宝放在饭桌旁（或饭桌上），宝宝可以看大家吃饭。这时大家当然会忍不住一直看着宝宝，对她微笑，逗她开心。陪宝宝玩一阵子之后，她会开始有点累或哭闹，这时就把她放回床上睡觉，等到下次喂奶时间再抱起来。只有最后一次喂奶的时间（晚上10点或11点左右），我没有遵行这个"喂奶——玩耍——睡觉"的模式。经过一整天的活动，宝宝这时已经累了，我会在喂奶之后，小心地帮她拍背打嗝，换上干净的尿布，这时就不再陪她玩了，直接送她上床睡觉。

四、万一宝宝提早醒来，还不到预定的喂奶时间怎么办？

这时我会尽量转移宝宝的注意力，拖到喂奶时间。比如说，如果她比预定的喂奶时间提早一个小时醒来，我会帮她拍背打嗝，看她是不是不舒服，帮她换块干净的尿布，给她洗个澡，陪她玩一下。我会尽量拖到预定的喂奶时间，但各位爸爸妈妈，你们要通点人情，不要死守作息时间表。这个作息时间表是要帮助家里的气氛安详宁静，而不是要毁了这个家。

如果宝宝提前醒来，你已经花了一段时间设法转移他的注意力，但还是没到喂奶的时间，这时候你就要变通一下了。回想一下，如果距离上次喂奶已经超过两三个小时，你就直接喂奶吧，让宝宝吃饱，这跟预定的作息时间表只不过差半个小时或一个小时而已。如果宝宝在一个小时之前才吃饱，那他可能不是因为饿才哭，这时可以帮宝宝拍背打嗝，让他舒服一点，看看他会不会再睡着。

### 五、要有耐心，做法要一致

请记住，通常要花两三个礼拜的时间才能真的遵守一套作息时间表，你只要努力朝这个目标去做就对了。你会惊讶地发现宝宝竟然很快就能适应这个作息时间表，准时在喂奶时间醒来。有很多次，我看着时间，对家人或来访的朋友说："宝宝现在应该要醒了。"话才刚说完，立刻就听到婴儿房传来哇哇的哭声。

我相信你接下来要问的一定是：那从晚上10点到早上6点这段时间呢？婴儿真的可以学会一觉到天亮吗？这正是我下一章要谈的：睡眠。

## 百岁医师育儿法小编实践

　　看到这本《百岁医师教我的育儿宝典》时，小编的宝宝已经4个多月，有点相见恨晚的感觉。但幸运的是，由于工作便利，小编饱览了多本育儿书，对照顾宝宝多少有一些理论经验，虽然在宝宝出生时没能有幸拜读这本百岁医师的育儿经，但也基本达到了丹玛医师育儿法的效果。

　　关于宝宝喂养，国内目前流行两种观点，即按需喂养和按时喂养。按需喂养就是没有任何时间限制，宝宝想吃就喂，以及妈妈感到奶水涨时随时给婴儿哺乳；按时喂养则是每3—4个小时给宝宝喂一次奶。

　　其实，任何一件事都是可以变通的，何况是喂养宝宝，我们完全不必过于教条。丹玛医师也是提倡宝宝在第6周到第10周时形成作息规律，就算制定了作息时间表，也要灵活变通，不能死守时间表，宝宝饿得直哭你还在看钟。这一点我非常同意。我在月子里是按需喂养宝宝的，因为那时奶水不足，让宝宝多吸有利于奶水分泌。

　　宝宝满月后，我就开始培养他按时吃奶了，尽量4个小时左右喂一次，每次喂奶尽量把宝宝喂得饱饱的，让他坚持到下次吃奶，如果提前饿了，就跟他玩，转移他的注意力。晚上喂完奶后不再逗他而是关灯哄他睡觉，让他明白白天和夜晚的不同。宝宝比我们想象的聪明，进入2个月后，我家宝宝就适应了4小时吃一次奶，而且晚上睡得越来越好，夜里从4小时醒来吃一次逐渐延长到5个小时、6个小时，到宝宝3个月大时，晚上11

点喂完奶后，能一觉睡到第二天早上6点。

一些妈妈可能觉得那么小的孩子睡7个小时不吃奶，会不会对身体发育有不好的影响，其实这种想法完全多虑了，宝宝睡得好更有利于大脑发育，而且让尚未发育成熟的肠道得到休整。不信你可以留意一下，凡是睡眠不好的宝宝都不会太胖，而且爱哭闹；睡得香的宝宝心情会很好，很爱笑。

　　丹玛医师提倡为宝宝制定作息时间表，不仅是教妈妈们更轻松地养育宝宝，还在向妈妈们传达一个信息：不要认为小婴儿就应该爱哭闹，其实宝宝是可以很乖的。

　　养一个乖乖的宝宝，是妈妈最大的幸福。我现在最享受的时刻就是，晚上8点宝宝睡着后，看着他胖乎乎的小脸，不由自主轻轻地亲上一口。

# Chapter 2
**第二章**

睡眠好的宝宝
发育好

## 我对"一觉到天亮"的定义：连续睡超过7个小时

婴儿真的可以学会一觉到天亮吗？当然可以。这一点我可以证明。

一、玛蒂亚姑姑的11个孩子，经过不到10天的训练之后，都能够一觉到天亮，她的老大才训练4天就能够一觉到天亮。她采用的是下面的"方法一"。玛蒂亚姑姑的朋友，只要是采用同样的方法，都能够在10天内训练宝宝一觉到天亮。

二、我最好的朋友波莉有5个孩子，其中4个在6周大时就能够一觉到天亮，另外一个在10周大时也能一觉到天亮。她采用的是下面的"方法三"。

三、我的3个孩子都在6周大时就能够一觉到天亮。我采用的是下面的"方法二"。

四、丹玛医师教过许许多多的母亲如何训练宝宝一觉到天亮，我在本书中摘录了其中许多母亲的经验。

采用下列方法的父母都同意，能够一觉到天亮对宝宝有好处。想想看，我们大人睡眠不足时都会觉得心情烦躁、精神不济，小孩也一样。如果宝宝能够学会一觉到天亮，发育会更好，心情也会更好。

下面列出三个训练宝宝一觉到天亮的方法，这三种方法其实大同小异。

方法一：丹玛医师的方法（经过3到10天的训练，宝宝就能够一觉到天亮）

这个方法最直接。白天每4个小时喂一次奶，晚上10点最后一次喂奶之后，帮宝宝拍背打嗝、换尿布，确定宝宝很好，床也没问题，就让宝宝上床睡觉。接下来就不要再抱宝宝起来，也不要再喂奶，等到明天早上6点再喂奶。

在宝宝适应这个作息时间表之前，半夜很可能会哭，哭对宝宝没有害处，反而可以自然地扩展宝宝的肺部，加强肺部功能。新生儿通常每天要睡20个小时，每天有可能哭到4个小时。用这个方法训练了几天之后，宝宝就会习惯这个作息时间表，开始能够一觉到天亮。这样爸爸、妈妈和宝宝，全都可以得到足够的休息。（摘自《丹玛医师说》）

**丹玛医师说：**

　　先把宝宝喂饱，拍背打嗝，换上干净的尿布，然后放到床上睡觉。检查一下婴儿床，如果床上没有蛇，你就可以走了——意思就是说，别再吵宝宝了。宝宝想哭就让他哭，哭对他有好处。

　　有许许多多的父母听从丹玛医师的建议，结果获益良多。我在本书最后选了几篇正面的妈妈文章，这里先摘录一篇较短的。

　　我带老大去看丹玛医师之前，一直是采用一哭就喂奶的方式，睡觉也是一样，她什么时候想睡，我就让她什么时候睡。只要宝宝哭超过5分钟，我就会把她抱起来哄。到宝宝3个月大时，我已经因为睡眠严重不足而情绪紧绷。我先生频频摇头，不知道什么时候才能再好好吃顿饭，也不知道什么时候才会有干净的衣服可以换，我自己也快受不了了。丹玛医生要我为女儿制定个作息时间表，她叫我放心，她说宝宝哭不但没关系，反而对她有好处。哭可以让宝宝的鼻子畅通，也可以让宝宝的肺部更健康。我采用丹玛医师的方式，为宝宝制定了作息时间表，才短短一个礼拜，家中的气氛就愉快多了。我和宝宝都可以一觉到天亮，我的心情好多了，不再需要整晚喂奶，我也逐渐有时间为全家准备营养均衡的饮食。让家人吃得更健康，我感到很欣慰。原本爱哭闹的宝宝现在可以满足地待在游戏床里，妈妈终于可以去做家事了。

——乔治亚州的一位妈妈，摘自《丹玛医师说》

## 方法二：央均的方法

这是我采用的方法，基本上只是把丹玛医师上述的方法稍微修改一下。我白天尽量照着作息时间表去做，甚至喂奶时间到了时，如果宝宝还在睡觉，我会把她叫醒喂奶。晚上10点喂过奶后，先仔细帮宝宝拍背打嗝、换尿布，然后就送宝宝上床睡觉。这时我会赶快回到卧房，戴着有夜光的表上床睡觉。

生产完出院回家的第一天晚上，如果宝宝半夜哭了，我会看一下是几点。先算看看，她是不是已经吃完奶超过4个小时，如果是，我会等至少10分钟，再去抱她起来，喂她吃奶，帮她拍背打嗝，有需要的话就换块干净的尿布，然后再送她上床睡觉。我不会摇她入睡或抱着她走一走，因为我不希望她养成半夜要人哄的习惯！第二天晚上，我还是一样的做法，不过这次我会多等至少5分钟，我会让宝宝哭至少15分钟再去抱她起来。第三天晚上，我会再多等至少5分钟，让宝宝哭至少20分钟再去抱她起来，以此类推。我继续延长等候的时间，最后宝宝就学会一觉到天亮了。有时候我还在等，宝宝就已经不哭而再度睡着了，我就不用起来喂她，我自己也可以再回去睡觉。过了几个礼拜后，宝宝每天晚上可以连续睡七八个小时，半夜不再醒来。我的3个孩子都在大约6周大的时候，就不会半夜醒来一直哭了。

请你放心，宝宝不会因此受到什么心理伤害，哭到睡着没什么大不了。有很多个早上，我比宝宝还早醒来，就去等她睡醒准备喂她吃第一顿奶。就算宝宝半夜哭了一会儿，还是可以睡得很好，食欲不受影响，而且看起来很满足的样子。

**方法三："从零岁开始"的方法（可训练宝宝在7到12周大时一觉到天亮）**

如果你不能忍受宝宝哭，可能会觉得方法三比较能够接受。这个方法在《从零岁开始》（On Becoming Babywise)一书中有详细的介绍，这本书的作者是艾盖瑞和贝宁罗特博士。我有很多美国朋友采用这个方法，他们的宝宝都能够学会一觉到天亮。我最好的朋友波莉有5个孩子，其中4个孩子在五六周大时就能够一觉到天亮，另外一个在10周大时也能够一觉到天亮。

采用这个方法时，白天仍要尽量按照作息时间表，每4个小时喂奶一次。至于半夜的喂奶，我请波莉现身说法："宝宝满4周之前，我会设闹钟，在半夜两点半起来喂宝宝一次。宝宝4周后，我就不再设闹钟，这时如果宝宝用哭声来表示他需要我，我才会去喂奶。但宝宝半夜不再需要我的那一天总会来临，当这一天来临时，我会在早上醒来时，惊讶地发现自己前一天晚上竟然一觉到天亮！我发现这个方法很温和，可以让宝宝慢慢习惯睡整夜。但我觉得关键还是在于——宝宝白天吃完奶后，一定要让他清醒一段时间，帮他拍背把嗝打出来，让食物充分消化，睡觉时间到了时，即使宝宝还不困，仍要送他上床睡觉。"艾盖瑞和贝宁罗特说，很多宝宝会在7到9周大之间，自动不需要在半夜吃奶。有些宝宝晚上10点吃过奶后，会渐渐延长下次吃奶的时间，最后会等到早上6点才需要再吃奶。

采用方法三时，绝大多数的婴儿都能够在满12周之前一觉睡到天亮。有少数的婴儿已经满12周了，似乎还是改不掉半夜吃奶的习惯，艾盖瑞和贝宁罗特建议父母这时可以采用方法一来训练（丹玛医师的方法）。

### 省略晚上最后一次的喂奶

如果你采用上述三种方法之一，会发现到宝宝两三个月大时，越来越难在晚上10点叫醒宝宝吃奶。这表示此时可以省略晚上最后一次的喂奶，宝宝晚上已经可以连续睡12个小时了（没错，是12个小时！我没骗你！）大概就在这个时候，你可以开始喂宝宝一些食物泥（下一章会详细介绍婴儿的饮食）。


# 有助于宝宝一觉到天亮的两件事

## 一、 铺婴儿床的方式要正确

买一个新的、稍微硬一点的婴儿床垫。铺婴儿床的方式要正确，先在床垫上平铺4条吸水性佳的全棉大浴巾，然后在上面平铺一条床单，要拉紧以免松滑。（摘自《丹玛医师说》）

当宝宝趴睡时，即使脸贴住透气的浴巾，呼吸仍然可以顺畅，皮肤也会透气，能够避免长疹子或太热。宝宝若是吐奶，也会被这些浴巾吸干。一定要用全棉的浴巾，掺有聚酯纤维的浴巾不透气，会妨碍宝宝呼吸，宝宝也容易长疹子。

## 二、 我们家都是让宝宝趴睡

到底该让宝宝仰睡还是趴睡，这个问题有许多争议。过去10年来，医学界强力鼓吹让宝宝仰睡的好处。但大家有所不知，这种提倡是受到一项研究的影响，而这个研究者所研究的国家中，有很多是让宝宝睡在羊皮上，让宝宝睡在羊皮上似乎比较容易窒息。本书对医学界鼓励宝宝仰睡的观点持保留意见，你随便去问一个医生，或上网看看，就会发现大家都很赞成父母一定要让宝宝仰睡。但根据我所听到和读到的，大家讲的都是同一套观点，引述的论据也都一样，得出的理论五花八门。但这些理论至今仍是理论，没有一项研究可以证明，让宝宝趴睡会导致婴儿猝死症。

当然我们对攸关生死的问题，必须谨慎看待，我不是要逼为人父母者去做让自己良心不安的事。但我要鼓励为人父母者，把前后逻辑想清楚，然后自行决定怎么做。如果你读了这本书，仔细思考之后，决定让宝宝仰睡，我会对你说："加油！"我们家3个宝宝都是趴睡，婴儿趴睡时会睡得比较好，也睡得比较久，这是个不争的事实，连支持婴儿仰睡的人都不得不承认这一点。为什么宝宝趴睡时会睡得比较好？因为比较有安全感。我觉得这是基本常识，你观察一下宝宝就知道。当我们把宝宝抱起来时，会很自然地让宝宝的肚子贴住我们的胸膛，尽量让宝宝跟我们有身体的接触。我们抱宝宝的时候，不会让宝宝背对我们，让他的背顶住我们的胸膛！为什么不这样抱？因为宝宝会没有安全感，小手小脚会乱晃。宝宝的本能是抓住东西（跟无尾熊宝宝一样），当宝宝仰睡时，会觉得前面空荡荡的，没有安全感。趴着的宝宝有安全感，因为他的手脚随时可以接触到床。想想看，当你躺下来，让宝宝睡在你腹部上时，你会让宝宝用什么姿势躺下来？当然是趴着的姿势，我觉得这个姿势最有安全感，也最合逻辑。

**丹玛医师说：**

　　你去看看猫、松鼠、牛和马怎么照顾它们刚出生的宝宝，它们很清楚要让宝宝用什么姿势睡觉。没有一种动物会笨到让刚出生的宝宝仰睡，只有人类是这样。小宝宝在肚子里被紧紧包住了9个月，你若让他仰卧，他的手脚突然间放开来，会觉得好像要摔下去……有些父母因为新生儿哭个不停，请我到家里看诊，但我一走进去就发现宝宝是仰卧的姿势，而且显然吓得发抖，这时我会把宝宝翻过来让他趴着。等我坐下来听父母描述情况时，宝宝早就睡着了。做父母的可能会觉得这笔钱花得冤枉，晚上紧急召医师来家里看诊，结果医师只是帮宝宝翻个身，让宝宝趴着而已。当宝宝仰卧时，他的感觉就跟一只四脚朝天的甲虫一样，很害怕，一定要等到手脚垂下来能碰到东西时，才会有安全感。

有些人担心趴睡的婴儿若是吐奶会呛到，其实刚好相反，我们认为仰睡的婴儿若是吐奶，会更容易呛到。婴儿仰卧时会觉得无助，但婴儿趴着的时候，比较容易自由活动。你试试看，拿一根棉花棒清清婴儿的鼻孔，或是拿灯照婴儿的脸，他会本能地把头移开，避开让他不舒服的东西。所以趴睡的婴儿若是吐奶，会本能地把头移开，避免接触这块又湿又冷的地方。如果铺床的方式正确，吐出来的奶也会被下面的浴巾吸收。

**丹玛医师说：**

我行医七十几年来，从来没碰到婴儿猝死症的情形，因为我一定吩咐母亲让婴儿趴睡，我也教她们正确的铺床方式。我告诉她们："宝宝一生下来，除了喂奶之外，绝对不要让他仰卧。"

造成婴儿死亡的原因很多，罹患脑脊髓膜炎的婴儿有可能在睡眠中死亡，但我不相信婴儿会有所谓的婴

> 儿猝死症，除非是仰睡。我知道我的看法是对的，仰卧的婴儿会有因吐奶而窒息的危险，他也许吐出一大口奶，然后把奶吸入肺部，结果就呛死了。婴儿非常容易呛死。
>
> 　　侧睡的婴儿也许不会有婴儿猝死症，但他不能适当地使用肌肉，而且头部会变形。婴儿需要使用四肢和颈部的肌肉，但只有在趴着时才能动到这几个部位的肌肉。

宝宝仰卧时会显得很无助，因为不能像趴着时那样，可以在床上移动，也不能像趴着时那样，可以使用颈部。正常的宝宝一生下来，在趴着时就会抬头，并且可以转头换边，这样就会使用到颈部和背部的肌肉，很快地就能把头抬起来挺住。如果宝宝到了两三个月大还不能抬头，做母亲的就要考虑是不是有什么问题。仰睡的孩子通常脸型比较宽，而且后脑勺是扁的。（摘自《丹玛医师说》）

趴睡的宝宝有安全感，若是吐奶也是吐到床单上，不会有危险。趴睡的宝宝可以好好练习使用肌肉，头型也好看。让宝宝趴睡真的很重要。只有在下面这两种情况下，我不会建议父母让宝宝趴睡：第一、没有按照上述指示来铺宝宝的床；二、宝宝跟父母睡同一张床。

我每次跟人家说，我们家3个孩子都是6个月大就会爬，大多数人听了都很惊讶。我的孩子在4个月大时，就能够用手臂和膝盖把身体撑高，把头抬高，努力想往前爬，这比很多人常说的"七坐八爬"还早。不过一般中国人都是让宝宝仰睡，我自己这颗扁头就可以证明！趴睡的宝宝，肢体动作的发展比较快，这是不争的事实。仰睡的宝宝，肢体动作通常不太不灵活。

# 按作息时间表睡觉和吃奶的好处

## 一、 妈妈心情愉快，孩子心情就愉快

让宝宝按作息时间表睡觉和吃奶的最大好处是，父母可以有较多的休息时间和自由活动空间。为什么这是好事？因为父母有充足的休息时间，才能做更称职的父母。当我有充足的时间休息时，就可以做个更称职的母亲，更有耐心和体力照顾孩子。道理就是这么简单。

## 二、 家中气氛安详宁静

每个人（包括宝宝）都希望待在一个安详宁静、井然有序

的家庭，这种家庭可以营造出一种愉快的祥和气氛，全家人都会很放松，更有精力来享受亲子生活。

### 三、 宝宝更有安全感

按作息时间表吃奶和睡觉的宝宝，会渐渐信任父母并按时做该做的事。宝宝也渐渐晓得不需要用哭来得到他们想要的东西，他们可以感觉到父母知道他们需要什么，也知道父母会在生活上引导他们。

### 四、 能够分辨是不是有什么大问题

如果没有一套固定的程序，每次宝宝一哭，全家都会很紧张，很难分辨宝宝是不是有什么特别的需要。制定一套良好的固定程序，有助于分辨宝宝是不是有什么大问题。我举几个例子说明一下。

第一个例子：我可以预知宝宝会睡多久

我把宝宝放到床上睡觉之后，如果一切情况都按照固定的程序来（比如宝宝没有发出奇怪的声音），我知道她会睡到下次喂奶的时间才醒来。如果家里有人看家，我甚至可以出门去办事。有了固定的程序，就能够预知宝宝的行为。所以，如果宝宝偶尔睡到一半哭醒了，我就知道有问题，通常

是要大便或打嗝。

有一次我的表嫂带着一岁的孩子来我们家吃午饭。她先喂孩子吃奶，孩子吃完奶睡着了，她就把孩子放到楼上的房间里睡觉，那个房间离楼下的饭厅很远，她每隔几分钟就会上去看看孩子有没有醒来。后来我先生主动说他愿意待在楼上听着她的孩子是否醒来，让她好好跟大家吃一顿饭。接下来，我家一个月大的宝宝也睡觉了，我就跟表嫂说，我们不需要去检查宝宝有没有醒来，因为她一睡就是两个小时。表嫂很惊讶我这么确定宝宝什么时候会醒来。后来我正跟她谈到我们为宝宝制定作息时间表的方式时，我们的宝宝提早一个小时醒来，开始哭，这实在很不寻常。结果我一抱宝宝起来，她立刻打了一个大嗝，然后就不哭了。

我举这个例子是想说明一件事——有一套固定的程序不但能够帮我们看出宝宝的情况不太寻常，也能够给父母自由，不必被宝宝绑得动弹不得。

第二个例子：我可以预知宝宝会哭多久

我们家3个孩子都是出生后就睡自己的床，而且是靠自己入睡，我们从来不会摇她们入睡，也不会抱着走来走去直到她们睡着。我们不让她们养成非要爸妈躺在旁边才睡得着的习惯。当我们知道宝宝累了时，就会检查一下尿布，拍背打嗝，把床铺好，给宝宝一个紧紧的拥抱，亲一下，然后把她放到婴儿床上（等宝宝几个月大之后，我们还会在床上放一个毛绒小玩具或一条柔软的小毯子）。如果宝宝上床后开始哭闹，我们不会把宝宝抱起来。很快地，宝宝就明白哭闹是没用的，一旦睡觉时间到了就非睡觉不可。

到最后，我们家每个宝宝在上床后不到一分钟就会安静下来，然后自己睡着。有少数几次我把宝宝放在床上后，宝宝哭闹超过5分钟，我就会看着时钟算时间。如果10分钟后宝宝还在哭，我知道一定有点问题，就会进去看看宝宝怎么样。我们家的宝宝很少在上床后哭闹超过好几分钟，如果哭这么久还不停，大多是因为尿布脏了。有一次我进去之后，发现宝宝从婴儿床上站起来，宝宝是想告诉我，我忘了把娃娃放回床上。没错，我那天下午洗了娃娃，后来忘了从烘衣机里拿出来。因为我们有一套很固定的程序，所以只要情况有点反常，就很容易察觉，稍微检查一下就知道怎么回事了。

# 不管你做什么，都是在训练孩子

基本上，我们是在训练孩子能够安慰自己，靠自己入睡。我们不让孩子养成需要开夜灯或卧室的门稍微打开的习惯，我们更不会助长孩子养成需要父母睡在旁边的习惯。上述这些"需要"（开夜灯、父母睡在旁边……）都是在父母的训练之下养成的。我们的孩子从小就不会觉得漆黑的房间有什么好怕的，如果我忘了把房门关紧，已经上床的两岁女儿会提醒我要把门关好。当房间保持漆黑、房门紧闭时，我们的孩子反而更有安全感。

每次有客人第一次来我家，我都会带他们参观一下，我会介绍说："这是我们的卧室，这是孩子的卧室，这是宝宝的卧室。"

"什么？！你们的宝宝自己睡一间？"

这时我会微笑地回答："对啊，我们家每个孩子都是出生后就自己睡。"

客人听了通常会不可置信地摇摇头，然后说："这大概需要训练吧，我们家的孩子到现在还跟我们睡，我们觉得好烦。"

这时我会再度微笑地回答："其实你们家的孩子也受过训练，他们是被训练成需要跟你们睡。"

其实我也很喜欢躺在孩子旁边，和孩子依偎在一起的感觉实在很甜蜜，但在我们家，这不是个"习惯"，而是一个特别的欢乐时光。

平均每天所需的睡眠时间（摘自《丹玛医师说》）

| | |
|---|---|
| 新生儿 | 20小时 |
| 3个月孩子 | 16小时 |
| 2岁孩子 | 12小时 |
| 6岁孩子 | 12小时 |
| 青少年 | 8小时 |
| 成人 | 8小时 |

此表仅供参考。每个人所需的睡眠时间都不同，比如我自己每天至少要睡9到10个小时才会觉得够。

我家的作息时间表（我的3个孩子分别是1岁、3岁、5岁）

| | |
|---|---|
| 早上7点 | 宝宝起床，吃早餐 |
| 早上8点 | 较大的孩子起床，吃早餐 |
| 早上10点 | 宝宝回床小睡 |
| 下午1点 | 午餐 |
| 下午2点 | 孩子的安静时间或午睡时间（安静时间是 |

为不需要睡午觉的较大孩子安排的。在这
段时间不能讲话，不能跟别人一起玩。所
有的活动都是属于静态的，如画画、看
书、安静地自己玩）

| | |
|---|---|
| 晚上6点半 | 晚餐 |
| 晚上7点半 | 宝宝上床，一觉到天亮 |
| 晚上8点半 | 读床边故事，较大的孩子上床睡觉 |
| 晚上10点半 | 爸妈上床睡觉 |

朋友听到我们的孩子那么早上床睡觉，都会惊讶地说："我们的孩子都要到晚上11点才上床睡觉！"或是说："如果我们的孩子那么早上床，我们根本就见不到孩子了，因为我们差不多这个时间才会下班回家。"当初我们只有老大和老二时，两个孩子都是晚上6点半上床，睡到第二天早上6点才起来，有些人听了更是惊讶不已。

我相信连续长时间的睡眠对发育中的孩子有益，如果你的孩子容易生病，也许你应该注意一下他每天睡几个小时。我们家3个孩子每天都有超过11个小时的睡眠。中国很多父母喜欢晚上带孩子出门逛夜市，或是去朋友家吃晚饭等等，在外面待得很晚才回家，这跟美国人的生活习惯很不一样。在美国，有小孩的家庭一起吃晚餐时，通常会把晚餐时间提早，好让孩子们吃完晚餐早点上床睡觉。如果父母晚上需要应酬，要晚点才能回家，就会请保姆来帮忙看孩子，让孩子维持正常的作息时间。

**丹玛医师说：**

父母如果总是在适当的时间送孩子上床睡觉，孩子就能养成在适当的时间睡觉的习惯。下午有睡午觉习惯的孩子，通常晚上睡得不太好。务必要让宝宝早点上床睡觉，这样爸爸妈妈才可以在晚上喘一口气。

我刚开始行医时，有一次有个母亲带了两名年幼的女儿来诊所看我，她说孩子晚上都不睡觉，希望我开点镇静剂给她们吃。

我百思不解，不断问她一些问题，想找出孩子不睡觉的原因。最后我问她："她们早上几点起床？"她回答："大约11点半。"

我告诉这个母亲："那她们应该晚上11点半再上床睡觉！"我建议她早上7点叫孩子起床，给她们吃早餐，如果她照做，晚上时间一到，孩子就会想睡觉了。

下面这封信是一对夫妇朋友的来信，他们原本不采用我们的建议，而是按照目前医学界的倡导去做，采用一哭就喂奶的方式，并且让宝宝仰睡。后来这对夫妻在睡眠被剥夺了10天之后，开始做了一些改变，并听从丹玛医师的建议。以下是他们的故事：

亲爱的主烈和奂均：

　　我们真的很感谢你们。两天前，我们夫妻俩真的快累瘫了，于是决定违背目前医学界的建议，改让宝宝趴睡，并且祈求上帝保护我们的宝宝。结果不到一分钟，宝宝就睡着了。以前让宝宝仰睡时，他都会哭很久，我们只好抱着他走来走去，想尽办法帮他入睡。虽然我很担心宝宝趴睡会有危险（而且经常去检查），但宝宝睡得很好，还连续睡了4个小时，这真是个奇迹！而且他那时已经吃完奶5个小时了。等他醒来吃奶时，他真的是铆足劲在吃奶，我太太说她可以感觉到母乳汩汩流出来，她说这才像是认真吃奶的样子！在这之前，宝宝吃奶就像吃点心一样。

　　后来我们决定每次都让宝宝趴睡，并且尽量4个小时喂一次奶。啊，结果真是太叫人满意了，宝宝睡觉变成一件很幸福的事！才短短24个小时之前，宝宝每隔两三个小时要吃一次奶，每次吃母乳20分钟，加上90毫升的配方奶，但24个小时之后，改成每隔3个半小时到4小时吃一次奶，每次用力吃母乳20分钟，加上60毫升的配方奶。真感谢上帝这样帮助我们，让我们认识主烈和奂均！我太太原本又累又烦，不但已经影响到乳汁的分泌，甚至有可能得产后忧郁症，不过我今天白天从办公室打电话给她时，她的声音听起来愉快多了。真的很感谢你们的帮助！

我们仍在努力帮助宝宝适应4个小时吃一次奶的作息时间表，但是就像你们所建议的，并不能完全死板地恪守这一时间表，可以根据具体情况灵活变通，有几次我们在宝宝吃完3个半小时后提前喂奶，结果他吃完奶之后，仍然十分满足愉快。

今天早上宝宝的情况更是令我们鼓舞不已。今早6点时，宝宝有点哭闹，离他上次吃完奶（凌晨两点半）3个半小时。我走过去看他，轻拍一下他的背，他立刻就安静下来，接下来的半个小时，他只发出一点低低的呜呜声，嘴唇发出几下咂咂的声音。到了6点半，他开始放声大哭，听起来好像肚子真的很饿了。我看了一下时钟，离他上次吃奶刚好4小时！我把他从婴儿床上抱起来，然后太太就喂他吃奶。看到宝宝这么快就能调整他的生物钟，实在很棒！

我们现在的情况真的比之前好千倍！如果当初我们没有认识你们，我们恐怕还在按照一哭就喂奶的方式养育宝宝，而且一天到晚烦闷又疲惫。

再一次感谢你们的帮助！

主内弟兄纪轲

2005年4月4日

百岁医师育儿法小编实践

　　每次谈到宝宝睡眠的问题，我都会觉得看这本书太晚了，因为我着实为宝宝睡觉的事头疼了好一段时间。宝宝出生后，姥姥对这个大外孙疼爱得不得了，虽然我说了多次经常抱着对宝宝的脊椎发育不好，但姥姥总是逗宝宝时不由自主就抱在怀里。哄睡觉时更是哼着小曲走着摇着，好不容易睡着了，一放在小床里宝宝就醒了大哭不止，于是姥姥再抱起来摇着哄，反复几次，终于放下睡了，没多久宝宝像受惊似的小手小脚猛地一动，又醒了，于是姥姥又冲过去抱起来。半个月以后，姥姥身体吃不消了，黑眼圈出来了，腰也疼得直不起来，但宝宝更难入睡了，而且睡着后也离不开人，不一会儿就受惊似的伸手蹬腿。

　　我当时虽然没出月子，但身体也恢复得不错了，于是决心改变现状。咨询医生后，得知刚出生的宝宝在入睡或清醒时听到响声身体快速地抖动几下，或是从熟睡中惊醒，轻微抽搐、哭闹、伸手、蹬腿，是新生儿的"惊跳"现象，是正常的生理现象，随着宝宝长大会慢慢好的。于是我跟家人约定，宝宝睡着后不要一有动静就立马过去，先静静观察一会儿，看宝宝是不是真的醒了，等宝宝大哭不止了我们再过去。但是也不要立刻抱宝宝起来，先轻轻拍拍他，说不定拍几下就睡着了。反正尽量不要打断宝宝睡觉，能不抱起来就不要抱起来。

　　新的育儿政策实施后，刚开始几天，宝宝睡着后猛地抖动、伸手甚至哭闹时，我们依然立马过来，但是站在离他小床几步之外忍着不动，小家伙折腾几下就接着睡了，于是我们默默离开。逐渐地，宝宝睡着后我们就不再绷紧神经了，任他折腾去，反正哭两声就继续睡着了。就这样，我们才喘口气，姥姥也没那么劳累了。但是摇着宝宝睡的坏习惯被姥姥延续了下来，我也曾经想扳过来，但小家伙困得眼睛都红了，躺床上使劲哭，就是不睡，姥姥不忍心，又抱起来边摇边哄。

后来有幸做了这本书的小编才知道，当初为了宝宝睡觉的事苦恼时，我应该让宝宝趴着睡。宝宝刚从母体出来缺乏安全感，仰着睡就像一只四脚朝天的蜘蛛，特别无助，所以才容易受惊，趴着睡胸口和四肢都能接触到床，像被妈妈紧紧拥抱一样，能够睡得很安心。而且宝宝其实是喜欢趴着睡的，这一点直到我家宝宝3个多月我才意识到。满100天的时候，我家宝宝会翻身了，从此小家伙再也没有仰面睡过，总是自己翻个脸朝下趴着睡，而且睡得特别香。我不由得感慨，小宝宝真可怜，明明最想趴着睡，但由于不会表达，硬被妈妈翻成仰面睡，一直难受了3个多月，终于自己会翻身了，谁也阻挡不了趴着睡了。自从宝宝自己选择趴着睡以后，夜里睡得特别好，再也没有无故哭闹的情况。

编辑这本书时，丹玛医师有句话让我一下子血液沸腾了，"先把宝宝喂饱，拍背打嗝，换上干净的尿布，然后放到床上睡觉。检查一下婴儿床，如果床上没有蛇，你就可以走了。"回忆一下，确实有几次我家宝宝趴在床上玩着玩着自己睡着了，也就是说，我家宝宝也可以不用摇着哄，他其实可以自己入睡！不过丹玛医师也表明，让宝宝趴着睡时，铺婴儿床的方式很重要，一定要买一个新的、稍微硬一点的婴儿床垫，先在床垫上铺4条吸水性好的全棉大浴巾，然后再铺一条床单，要拉紧以免松滑。

我家宝宝有一点好，就是睡眠特别有规律，晚上7点一到，准时要睡觉。一切准备妥当之后，我选了个周五晚上，开始训练宝宝自己入睡。晚上7点，宝宝明显困了，小手一直揉眼睛，于是我给他换了纸尿裤，放在小床上，关灯关门后，我蹲在小床边的黑暗里，默默观察宝宝。宝宝在小床上翻滚着哭闹，我硬起心肠忍着没动，后来宝宝不翻腾了，趴着床上扯着嗓子哭，我还在咬牙坚持时，被破门而入的姥姥冲进来抱了起来。宝宝可能累了，躺在姥姥怀里没哼唧两声就闭上眼睛了，我赶紧让姥姥把宝宝放床上。没有睡熟就放床上了宝宝有点不乐意，哭着翻个身趴着，然后把大拇指塞嘴里，呜咽了几声就睡着了。第一次尝试让宝宝自己入睡虽然有点小插曲，但结果还算满意。在接下来的几天，我继续训练宝宝，很快地，小家伙就适应了自己入睡，算来我已经3个月没摇晃着哄他睡觉了。

我深刻地体会到，想要享受养育宝宝的幸福，大人和宝宝都睡好是必须的前提。我家宝宝白天姥姥带，晚上我带，宝宝的小床放在我们夫妻的卧室里，晚上10点左右给宝宝喂一次奶后，我就睡觉了，一夜安稳。第二天早上6点半左右，宝宝醒了，但他不哭闹，而是自己玩，咿咿呀呀地说话。我会再睡20分钟才去看他，一看见我他立马张开小嘴笑起来。就这样，新的一天在宝宝纯净明媚的微笑中开始了。

## Chapter 3

第三章

宝宝哭了怎么办

**丹玛医师说：**

今天不让宝宝哭，宝宝明天就会让你哭。

宝宝不是每次一哭就表示有需要，千万不要想尽办法让宝宝不哭。丹玛医师强调说，宝宝哭是很正常的，而且哭对宝宝有益处。

我们家3个宝宝都没哭很长时间，她们最后都学会安慰自己，真的有需要时才会哭。所以，不要宝宝一哭你就紧张兮兮。

有些人以为让宝宝一直哭很残忍，其实刚好相反，我们认为不训练宝宝一觉到天亮才是残忍的（不训练宝宝一觉到天亮，对家人也是一件残忍的事，尤其是对妈妈）。因为爱宝宝，所以才要训练她连续睡久一点。想想看，当你不能一觉到天亮时，第二天是不是很累，而且脾气暴躁？宝宝也是一样，一觉睡到天亮可以得到充足休息，会更满足、更健康。

**丹玛医师说：**

　　我们会担心早产儿和唐氏综合征宝宝，是因为他们哭得不够。3个月以下的正常婴儿，每天应该会哭3到4小时。很快地，宝宝的哭闹会出现固定的模式，妈妈几乎可以准确地预知宝宝会在什么时间哭。

## 一直哭会不会对宝宝有害？

　　不会，孩子不会受到什么伤害，相反，他们会觉得有安全感。当孩子知道一切都是由父母掌控，而不是由他们掌控时，就会有安全感。如果你希望宝宝有安全感，你的做法就要一致，一切要按照作息时间表行事。

　　如果宝宝每次一哭你就紧张兮兮，宝宝很快就会晓得这个家由谁做主。他会养成习惯，用哭来得到他想要的东西。但这些得到掌控权的孩童，在长大后却反而容易没有安全感。为什么？因为他们其实不晓得自己要什么，也不晓得什么对他们有益。因为父母没有为他们设定界线，他们会觉得没有安全感。

　　相较之下，如果宝宝知道自己不管有没有哭，父母都会随时照顾到他的需要，就会有安全感，因为他的态度虽然反反复复，但父母的做法永远一致。宝宝觉得可以自由发展和成长。

最后的结果是，按时间表作息、能够一觉到天亮的宝宝，早上醒来时就不会再哭闹了，而是喃喃自语或发出愉快的声音。我们家的宝宝有时候早上醒来会在婴儿床上唱歌，等着家人来抱她们起来。她们已经睡了个好觉，而且知道爸妈一定会来抱她们起来。我再说一遍，当孩子知道一切都是由父母掌控，而不是由她们掌控时，就会有安全感。

## 宝宝为什么哭？

丹玛医师说：有些母亲不喂母乳或是没办法喂母乳，但宝宝对牛奶或任何一种奶粉都过敏，这样的宝宝会哭闹不停，直到吃进合适的食物。有些宝宝是皮肤过敏、发痒，所以哭闹不停，睡不着。有些宝宝在出生时受伤，比正常的宝宝容易哭闹，醒着的时间也较长。有些宝宝穿太多、很热，有些宝宝穿太少、很冷。有些宝宝身上擦油，觉得不舒服。有些宝宝一生下来就没人要，他们似乎可以感受到自己不被接受，这样的宝宝不快乐，也睡不好。但造成宝宝哭最常见的原因是仰睡，仰睡让他们觉得害怕。如果上述都不是宝宝哭闹不睡的原因，这时就要记住，每个宝宝都不一样，他们对快乐和痛苦的反应能力各有不同，这一点就跟成人一样。我们不能断言婴儿应该哭多久才对，但哭对婴儿的发育非常重要，婴儿一定要哭才行，用力哭可以打开肺部，让肺部的功能得到充分的锻炼。

所以请放心，要把哭当做是宝宝的运动，哭有助于锻炼他们的肺部，我们家3个孩子的肺部都很健康！如果有必要，你可以打开电扇、除湿机或空气清净机，制造一点小噪音来盖住宝宝的哭声，以免吵到家人。我的做法是，刚开始训练宝宝睡整夜觉的那几个礼拜，尽量让宝宝睡在离家人远一点的房间里（只有我听得到宝宝的哭声），这样家人在睡觉时就不会被吵到。

很多读者问我，疝气是不是因为宝宝哭得太厉害才造成的。我在网上查了一些资料，我所看到的8篇文章都坚称哭不会引起疝气。疝气是先天性的，即使宝宝不哭，还是会有疝气，只是后来因为用力，或是哭闹时，我们才看出他原来有疝气的问题。

哭是宝宝最主要的表达方式，只要一哭，大多数妈妈会立马扔下手头的事情，奔到宝宝身边。甚至宝宝一哭，妈妈就心疼得不得了，生怕宝宝哭坏了。其实宝宝是不会哭坏的，相反，适当的哭对宝宝还有好处。宝宝啼哭时，闭眼张嘴，双臂伸屈，两腿乱蹬，是一种良好的健身运动，不仅锻炼了神经肌肉的功能，而且增加肺的扩张，加大了肺活量，有利于气体交换；同时加速了血液循环，增强新陈代谢。

宝宝的哭有不同的意义，饿了会哭，冷了、热了、生病了也会哭。如果妈妈不仔细观察，以为宝宝哭就是饿了，一哭就喂奶。如果宝宝不是因为饿了而哭，就会越喂越哭，越哭越喂，结果造成喂奶过量。喂奶过量会导致宝宝食欲下降，胃部不适。

宝宝不会不明原因地哭闹不止，肯定是不舒服了，妈妈要仔细检查。我家宝宝在2个月时，每次吃奶吃到一半，肚子就咕噜咕噜叫，随后宝宝就大声哭闹起来，还一会儿蜷腿一会儿打挺，好像肚子疼一样，怎么也哄不好，直到放一串屁或拉出大便才算完。每次喂奶都这样，搞得我焦头烂额，都快得喂奶恐惧症了。

于是我天天翻看育儿书，上网查育儿资料，终于被我找到原因：我由于乳头内陷不适合直接喂宝宝，医生建议我把母乳挤出来用奶瓶喂宝宝，结果我买的奶瓶奶嘴孔太大，宝宝吞咽得又多又快，迅速把胃撑满，而且由于吃得太快，宝宝已经吃饱了还没意识到，又多喝了不少奶进去，胃被胀得很难受。而且宝宝吸奶嘴的时候也吸进去不少空气，导致宝宝肠鸣，肠道蠕动不规律，小肚肚就会疼。

找到原因后，我迅速调整了喂奶方法，首先换了最小号的奶嘴，让宝宝每次吸奶量减少了。宝宝每吸几口奶，我就把奶瓶拔出来让宝宝歇一会儿，让每次喂奶都达到15分钟左右。而且喂奶时，将奶瓶底部拿高点，让奶水淹没奶嘴，这样就能避免宝宝吸进空气。果然，宝宝一吃奶就哭就拉的问题慢慢解决了，宝宝的吃奶量也减少了20毫升，可见之前每次多给宝宝灌了那么多，难怪宝宝胃疼得哭了。

就像丹玛医师主张的，不要怕宝宝哭，但要留意宝宝非正常的哭，找出宝宝哭的原因。

# Chapter 4

## 第四章

### 小宝宝吃什么

## 喂母乳好处多多

如果可以，请尽量喂母乳。母乳对宝宝的身体最好，没有什么食品比得上，这是个不争的事实。母乳是最完整、最完美的婴儿食品，而且能够提供宝宝所需的抗体，帮助宝宝建立免疫系统。

许多有力的证据显示，吃母乳的宝宝较少拉肚子，就算拉肚子也不会太严重，吃母乳的宝宝也较少感染呼吸系统的疾病和细菌性脑脊髓膜炎，较少发生尿道感染。喂母乳对妈妈的健康同样是好处多多，可以帮助子宫尽速恢复原状，降低罹患乳癌的几率，身材也会恢复得比较快。

我们家3个孩子都是一出生就吃母乳。上帝的设计实在奇妙，这些小婴儿可不像你所想象的那么无助，他们虽然没有经验，但一生下来就立刻知道怎么吸吮奶头。我们家3个孩子从小只吃母乳，都长得很健康，没有对什么食物过敏，也没有因为生病住过院。

按作息时间表喂奶的方式，会让喂奶变成一件愉快的事，而非苦不堪言。而且我觉得喂母乳真的很方便，母乳永远很新鲜，温度也刚刚好，不用洗奶瓶，还可以省很多钱呢！

喂奶时尽量每边各喂10到15分钟，喂完后记得帮宝宝拍背打嗝。

**丹玛医师说：**

有些人以为增加喂奶次数和延长喂奶时间可以促进乳汁的分泌，其实不然。前几天有个妈妈来诊所看我，她每两个小时就喂一次奶，整个人看起来疲惫不堪，宝宝也是精神不济，她的丈夫更是一副随时要离家出走的样子！其实她根本不需要两个小时喂一次奶，只要保持愉快的心情，按照时间表喂奶，并且好好享受喂奶的乐趣，自然就会分泌出足够的乳汁。

## 给宝宝喂多少才适量？

婴儿不可能喝太多奶，每一个新生儿都会在出生后头几天减轻220克左右的体重，但一周内应该就会回升到出生时的体重。接下来通常每天会增加28克体重，直到12周大（每个月大约增加900克）。满12周后，体重增加的曲线会减缓，每天大约增加14克，到5个月大时，大多数婴儿的体重会比刚出生时重了大约3200克。（摘自《丹玛医师说》）

只要宝宝很健康，而且体重持续增加，父母就不用担心。不必跟别人家白白胖胖的婴儿比较，胖不见得就一定健康。

**丹玛医师说：**

我看过一个非常健康的婴儿，但他每次喝奶都不超过90毫升。每个婴儿的需要都不一样，母亲需要注意的是婴儿的体重是否持续增加。

## 什么时候开始喂宝宝辅食？

宝宝通常会在3个月大时开始流口水，流口水不代表长牙，而是表示口水里面有唾液淀粉酵素，可以将淀粉转化为醣。这时宝宝已经准备好，可以开始消化牛奶以外的食物。可以在宝宝3个月到6个月大之间，开始喂他吃食物泥。（摘自《丹玛医师说》）

## 喂宝宝吃食物泥

给宝宝吃的食物不能只是捣碎而已，一定要用搅拌机或食物调理机打成泥状才行。刚开始可以先在母乳或配方奶中加入婴儿米粉，渐渐地可以加入香蕉泥、苹果泥或其他的水果泥，然后是蔬菜泥，最后是蛋白质类的食物泥。要将所有的食物放在一起搅拌均匀成泥状。因为宝宝已经习惯喝温温甜甜的母乳或配方奶，如果把食物泥调成温温甜甜的（可以用水果来增加甜味，如木瓜、香蕉、苹果、梨子、石榴等），宝宝的接受度会比较高。

每次只试一种新的食物，连续试4天，观察宝宝有没有起过敏反应。在尝试新食物的期间，每餐都给他吃四分之一小匙新的食物泥，一天3次。

如果宝宝对新的食物没有起什么反应，应该就表示不会对那种食物过敏，你可以渐渐增加这种食物的分量。接下来再加入另外一种新的食物，每次四分之一小匙，连续试4天，以此类推。这个方法很安全，可以让宝宝尝试各种不同的食物。

万一起了过敏反应，就把那种食物记录下来，并描述起什么反应。也许是起疹子、拉肚子、气喘、起湿疹、呕吐、得花粉热、流鼻水或哭闹不停，有任何不正常的情况都应该记录下来。一个月后重新给宝宝吃当初疑似有问题的食物，看看会不会出现同样的反应。如果再度出现同样的反应，宝宝有可能这辈子都会对这种食物过敏。

大多数宝宝因为不习惯食物泥的口感，刚开始几乎都会吐掉。有些宝宝比较容易喂食物泥，有些宝宝很难喂，但不管怎样都要有耐心，不断努力去试。你要放松心情，跟宝宝一起享受这个新的经验，过了一段时间之后，你也许会惊讶地发现，宝宝怎么会吃这么多！原则上宝宝想吃多少，就喂多少。

先喂母乳再喂食物泥（因为你需要让乳汁能够正常分泌），或先喂完食物泥再喂配方奶。如果你除了喂母乳，还喂配方奶，就需要先喂母乳，再喂食物泥，最后再喂配方奶。尽量把食物泥混在配方奶里面。

# 如何制作婴儿食品？

丹玛医师建议每餐各类食物比例如下：

蛋白质3大匙

淀粉3大匙

蔬菜3大匙（早餐可以不用）

水果2大匙

香蕉1根

刚开始学做婴儿食物时，最好按照上述比例。（在第112页有另外一位妈妈的经验分享，她按照上述比例，详细介绍她做婴儿食物的流程。）我为3个孩子做婴儿食物已经两年多了，我大致上参考上述的比例。以下是我制作婴儿食品的方法，我把下面这些材料，放在我那个可靠的大同电饭锅里煮熟：

米半杯

三宝米1杯

豆荚类半杯（米豆、扁豆、红豆等）

鸡胸肉1杯

硬的蔬菜半杯（胡萝卜、白萝卜等）

我先用电饭锅将它们煮熟，再放进食物搅拌机，加入适量的水和水果（通常香蕉是最好的选择），再加入一杯水煮的绿色蔬菜，一起搅拌成泥状。口感一定要细滑，不能有颗粒，宝宝不喜欢颗粒。每次做完婴儿食品，你自己可以尝尝看，应该很好吃才对！通常我煮好打开锅盖时，都会觉得看起来很好吃。这样的婴儿食品十分可口，我那4岁和2岁的女儿有时也会抢着吃，像在吃布丁一样。

## 婴儿食物的做法与注意事项

◉　如果你没有电饭锅，可以蒸或水煮。

◉　利用水果和蔬菜来调味（萝卜、南瓜、绿色蔬菜……除了香蕉，熟木瓜和葡萄也很好），绿色叶菜要分开煮，免得煮太烂。

◉　如果你想加点较硬的水果，像苹果或梨子，就要先蒸过或水煮过再一起放入搅拌机。

◉　扁豆、米豆、蛋和瘦肉都含有丰富的蛋白质。

◉　地瓜可以提供天然的甜味，不过宝宝吃了比较容易胀气。

● 虽然鱼肉也含有丰富的蛋白质和鱼油，但我不建议在这种婴儿食品中用鱼肉做主要的蛋白质来源，因为鱼肉有特殊的味道，跟水果搅拌在一起不见得好吃。如果你想用鱼肉，一次只放少量就好。

● 如果有时间，熬骨头高汤来取代清水当然更好。

● 可以投资一点钱买一台好的搅拌机或食物料理机。

丹玛医师所有的小病人（包括玛蒂亚姑姑的11个孩子）和我们家的3个孩子，都吃这种婴儿食品，而且吃得很健康。我们相信这样的婴儿食品最能够提供婴儿均衡且必需的营养。这种婴儿食物泥的颜色很有意思，加很多绿叶菜时会变成深绿色，加甜菜根时会变成粉红色。我相信吃一大碗这样的食物泥，绝对比吃一小碗稀饭要营养得多。

要避免使用咸的食材，如果不确定食材中有没有添加盐分，就不要使用。一定要用新鲜的食材，烹煮和搅拌的过程不要太久，免得食物在室温下变质。有些妈妈一次做一天的量，玛蒂亚姑姑的做法是，她那一餐煮什么东西给家人吃，就取一些出来搅拌成泥给宝宝吃。我的做法是，一次煮好几天的量，搅拌成泥后，留下当天要用的量，其他立刻放进冷冻库。每次我要喂宝宝时，就把食物加热，然后掺入一些婴儿米粉或麦粉，让口感浓稠一点，比较容易喂食。有些妈妈一次做一周的量，然后放在冰块盒里冷冻起来，需要时随时可以取用，这样就不用退冰，只要拿出那餐所需的量，加热到微温就可以食用。你可以选择对你比较方便的做法。

有一天早上在公园，一位朋友帮我喂一岁的宝宝吃绿色的婴儿食物泥，有个老先生经过看到了，就问她里面放些什么材料，她说有蔬菜、鸡肉、饭和水果。老先生觉得很营养，就说他回去也要做这种食物给他一百岁的母亲吃。牙齿不好、不能好好咀嚼的人，我建议可以吃这种婴儿食品。我要再强调一次，一定要用搅拌机或食物料理机搅拌成泥，光把食物压碎是不够的。

丹玛医师强调，宝宝满3个月后，就要开始喂他吃这种食物泥。不过我常常因为太忙或太累，都会等到宝宝四五个月大时才开始喂食物泥。我的宝宝6个月大就知道怎么吞咽，每次可以吃一小碗食物泥，一天3次。到了8个月大时，宝宝的胃口会大增，每餐可以吃掉满满两饭碗的食物泥。我们家3个宝宝都很喜欢吃这种食物泥，很多人看到我们家的宝宝吃那么多会吓一大跳。当宝宝可以吃下很多婴儿食物泥时，你就可以改成一天喂三餐，每5个半小时喂一次，先喂母乳，再喂食物泥。渐渐地，你的喂食时间表就会像这样：

早上7点：先喂母乳，再喂食物泥（或先喂食物泥，再喂配方奶）。

中午12点半：先喂母乳，再喂食物泥（或先喂食物泥，再喂配方奶）。

晚上6点：先喂母乳，再喂食物泥，或先喂食物泥，再喂配方奶，然后送宝宝上床，应该要睡到明天早上再起来。

宝宝5个月大时，可以开始用杯子装水给他喝几小口，这时不需要再用奶瓶了（摘自《丹玛医师说》）。这需要练习，但宝宝可以从很小就学会用杯子喝水，或是用吸管喝水。

最好等宝宝的臼齿都长齐了，再让他吃平常的食物，你自己可以试试看不用臼齿咀嚼是什么感觉，没有臼齿，食物就嚼不细。不过有些宝宝要到28个月大臼齿才会长齐，在这期间一直不给宝宝吃桌上的食物实在不容易做到。当宝宝稍微懂事，发现他吃的东西跟家人吃的东西不一样时，有时会吵着要吃桌上的食物。虽然他的婴儿食品很好吃，但他还是想跟大家吃一样的东西。这时你可以在全家吃饭之前，先喂宝宝食物泥。要避免给宝宝吃饼干之类的点心，因为这会让他更想吃桌上的食物。（摘自《丹玛医师说》）

丹玛医师建议，婴儿应该在7个月时断奶，我是在宝宝10到11个月大之间给她断奶。到了该断奶的时候，宝宝应该可以吃下很多食物泥了，而且会用杯子或吸管喝水。宝宝满6个月之后，母乳的营养成分会大大降低，这时宝宝应该从食物中来摄取主要的营养。断奶之后就不需要再给宝宝喝牛奶或配方奶，喝牛奶容易导致贫血，也会降低宝宝的食欲，让他吃不下其他有营养的食物。（摘自《丹玛医师说》）

我认识很多孩子都只喝牛奶，其他有营养的东西都不吃。

孩子到两岁时，食欲会锐减，生长曲线变缓，食量会减少到原来的五分之一。小孩子在两岁前的食量，远超过接下来4年的食量。这样的变化是正常的，只要继续保持一天三餐的时间表，而且饮料方面只喝水就可以了。吃饭时吃点水果比喝果汁好，绝对不要吃点心。（摘自《丹玛医师说》）

## 宝宝的就餐时间表

3个月内的宝宝（摘自《丹玛医师说》）

早上6点　　喂奶

早上10点　　喂奶

下午2点　　喂奶

晚上6点　　喂奶

晚上10点　　喂奶

### 3到6个月的宝宝

继续上面的喂食时间表，但在早上10点、下午2点和6点这三餐时，开始给宝宝吃点食物泥。

早上6点　　喂奶

早上10点　　先喂母乳，再喂食物泥（或先喂食物泥，再喂配方奶）

下午2点　　先喂母乳，再喂食物泥（或先喂食物泥，再喂配方奶）

晚上6点　　先喂母乳，再喂食物泥（或先喂食物泥，再喂配方奶）

晚上10点　　喂奶

当宝宝吃下的食物泥分量够多时，就可以开始下面这个一天三餐的时间表。继续在三餐中喂奶和食物泥。

早上7点　　先喂母乳，再喂食物泥（或先喂食物泥，再喂配方奶）

中午12点半　先喂母乳，再喂食物泥（或先喂食物泥，再喂配方奶）

晚上6点　　先喂母乳，再喂食物泥（或先喂食物泥，再喂

配方奶）

宝宝满5个月之后，开始用杯子装水给他喝。

**7个月到24个月的宝宝**

继续一天三餐的时间表，准备给宝宝断奶（断奶后就不再喝奶）。

# 用勺子教宝宝吃东西

宝宝一定会渐渐学会吃东西，要持续努力教他。宝宝在学会吞咽之前，你喂进去的东西，他大部分都会吐掉。曾经有个灰心的妈妈打电话向我求助，她说她试了很多次，但宝宝还是不知道怎么把婴儿食物吞下去。我告诉她："不要这么灰心沮丧，先暂停，让自己休息几天，一个礼拜后重新试试看。"在宝宝学习吞咽期间，你可以注意一下时钟，一次只试5分钟。试了5分钟后，就把东西收拾干净，把没吃完的扔掉，然后喂完剩下的奶。

## 如果宝宝饿得尖叫哭闹

有些宝宝在学习吞咽婴儿食品期间，可能会因为肚子饿或者不会吞咽而尖叫哭闹。在这种情况下，我建议先喂宝宝吃点奶，但是不要喂太多（大约是平常吃奶量的四分之一到二分之一），稍微填一下肚子就好，然后再喂婴儿食物，最后再喂完剩下的奶。

## 教宝宝手语

教宝宝手语也是一件很有用的事，只要持之以恒地教，宝宝就能够在学会说话之前用手语来沟通。我们家的宝宝还小时，会用尖叫来表示还要再吃，我们会不厌其烦，一再反复地对她说：不要尖叫，你要说"还要"。然后我们会握住她的手，帮助她做这个表示"还要"的动作（见右图）。

表示"还要"的手势。

结果这个做法很有用！后来宝宝还想再吃时，就不用尖叫或哭闹来表示了，而是用手势来表示还要再吃。到了9个月大时，她就不再尖叫了。偶尔她会用哭闹来表示还要，我们就再提醒她要用动作来表示，而不是用哭声。我们家3个孩子都在学会说话之前，就懂得使用这个"还要"的动作。（如果你觉得这还不够，可以教其他的手语，比如"谢谢"等。可以参考下图或设计自己的手语。）

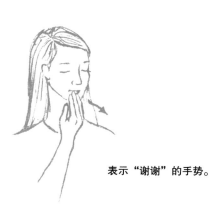

表示"谢谢"的手势。

我家宝宝长得很快，4个多月就身高70厘米，体重超过18斤，还冒出了两颗小牙，看见我们吃饭他就咂吧嘴，还流口水，于是我觉得是时候给他添加辅食了。

按照丹玛医师的育儿方法，我一开始是在母乳或者配方奶中加入婴儿米粉。米粉是最适合宝宝吃的第一口辅食，因为里面含有宝宝成长所需的铁质，而且细腻柔软的口感很适合刚刚学习进食的宝宝。然后，渐渐加入香蕉泥、苹果泥、蛋白质类的食物泥，最后是蔬菜泥。将所有的食物放在一起搅拌成泥状。

每次只试一种新的食物，连续试4天，观察宝宝有没有起过敏反应。在尝试新食物期间，每餐都给他吃四分之一勺的新食物泥。如果宝宝对新的食物没有什么反应，应该就没有问题，就可以渐渐增加这种食物的分量。

万一起了过敏反应，就要把食物和什么反应记录下来。也许是起疹子、拉肚子、呕吐、流鼻水、哭闹不停等。等一个月后再重新试试当初疑似会有过敏反应的食物，看看会不会出现同样问题。如果再度出现，宝宝可能这辈子都会对这种食物过敏。

我家宝宝在5个月时吃蛋黄，第二天脸上就起了小红疹。可是当时天气不好，正好脸部偶尔会发湿疹，所以无法确定。过了一个月，我又给他试了一下蛋黄，第二天脸上又发了一点红疹，所以我暂时就不给他吃蛋黄了。准备等他十个月左右的时候，选个好天气，再给他试试。

　　大多数宝宝因为不习惯食物泥的口感，刚开始几乎全部都会吐掉。其实，我们想想也很正常，本来宝宝习惯天天喝液体，忽然有一种不同口感的食物塞进了嘴里，他本能地会拒绝，会吐出来。所以，这时候妈妈不用担心，要放松心情。如果宝宝不适应，先休息一星期再尝试。不管如何，一定要有耐心，不断努力尝试。要放松心情，跟宝宝一起享受这个新的人生体验。

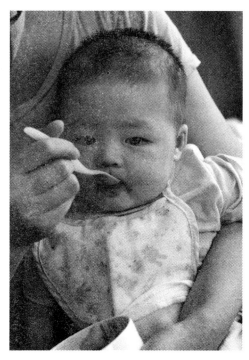

**我家宝宝很喜欢吃食物泥。**

过不了多久，你就会惊奇地发现，宝宝一口接一口吃得不亦乐乎。原则上宝宝要吃多少就喂多少。不要强塞强喂，让宝宝产生恐惧反抗心理。

我严格按照丹玛医师建议的每餐各类食物的比例：

淀粉3大匙

蛋白质3大匙

蔬菜3大匙

水果2大匙

香蕉1根

辅食制作的食物种类：

淀粉类：糙米、五谷米、小米、地瓜等。

蛋白质类：瘦肉（鸡肉、牛肉、猪肉）、蛋、豆类（黑豆、扁豆、红豆等，其中黑豆最好）等。

蔬菜：胡萝卜、白萝卜、西兰花、花菜、南瓜、菠菜、芦笋、豆芽、青椒、洋葱等。

水果：香蕉，当季新鲜水果（如苹果、葡萄、猕猴桃、梨、水蜜桃等）。

淀粉类：

我会每周炖一次大骨汤或者鸡汤，然后用来煮小米粥。当然，事先会用纯净水先泡小米两个小时左右，这样就很容易煮烂。用电饭煲煮粥很方便，我一般会先按煮粥，45分钟后再按加热，25分钟后就搞定了。这样煮出来的粥会很黏稠。把小米粥放凉后，打成泥，放入小容器，冷冻。

地瓜可以烤、蒸、煮，我一般是蒸，比较方便。放凉后放入小容器，冷冻。

**地瓜洗净切块，蒸20分钟左右。**

蛋白质类：

瘦肉：我每周在超市各买一块鸡肉、猪肉和牛肉，洗净，切成小块，放进3个小碗，再放入蒸锅里蒸，时间可以长一点，尽量把肉蒸烂。放凉后分别放入搅拌机打成泥，放入小容器，冷冻。

鸡蛋就用白煮蛋最好，一天1-2个。

豆类：将豆子放在纯净水中浸泡过夜，我一般会放入冰箱冷藏室里。第二天倒掉水，清洗一下，再加水煮滚。水滚后豆子会起泡沫，捞掉，这样可以避免胀气。然后再煮一会儿，熄火焖几个小时。我会自己夹起来尝尝，烂了就行。放凉后放入搅拌机打成泥，冷冻。

蔬菜类：

找个大一点的汤锅，放一点水就行，先煮硬的蔬菜，如胡萝卜、洋葱，水开后转小火煮2-3分钟；再放入比较容易熟的蔬菜，如青椒、花菜，煮1分钟；最后放入卷心菜、菠菜、地瓜叶等，煮1分钟，熄火。放凉后放入搅拌机打成泥，冷冻。

煮好的蔬菜放入搅拌机中打碎。

水果类：

使用当季比较甜的水果。一般我会当天准备，因为我觉得水果一定要吃新鲜的，营养才能完全保留，而且口感也比较好。不过，比较硬的水果，如苹果和梨，我会先煮一下，煮软后放入搅拌机打成泥，冷冻。剩下的苹果水或梨水，就给宝宝当白开水喝。

以上食物泥，我每次都会做一个星期的量，一般分成两次做，比如周一煮粥，周三煮蔬菜和蛋白质类。因为我白天要上班，这样分成两次做就不会太累。而且做的时候，想到宝宝能吃得健康，我的心情也会很愉悦。

做好的食物泥，可以将当天要吃的放在冰箱冷藏室，其余倒入冰格中，然后套上保鲜袋放入冷冻室，最好将不同食物泥放入不同的冰格，贴上标签以免拿错，宝宝吃之前按照比例每种食物泥拿几块，用微波炉热一下就行。这样就避免了将食物泥放入大容器每次吃都要解冻的问题。冷藏室最好单独留一格放宝宝食品，这样比较卫生。

将做好的食物泥倒入冰格中。

如果食物泥比较稀，可以加上一些米糊，增加其稠度，盛到宝宝专用的小碗里。一般十几分钟，宝宝就吃得干干净净，小肚子圆鼓鼓的了！

丹玛医师著名的宝宝食物泥，全世界几百万宝宝都吃过，只要稍有育儿常识的妈妈都能判断，这是非常科学也是最简单的辅食制作法。我家宝宝超级爱吃，经常一碗吃完了嘴巴还吧嗒吧嗒的，没吃够呢，哈哈！我家宝宝长得很结实，从出生到现在没生过病。

最后，希望每一位妈妈都能为自己的宝宝做健康营养的超级美味食物泥，宝宝都吃得健健康康！

*Chapter 5*

第五章

较大宝宝吃什么

## 宝宝需要哪些营养?

丹玛医师现在一百多岁，身体一向硬朗。她的健康教人不得不相信，她确实了解婴儿真正的需要。比起那些每隔几年甚至每隔几个月就改变建议的营养专家，她多年来的健康更能证明她的看法正确。丹玛医师强调饮食要简单均衡，生活习惯要合乎常理。

### 蛋白质

我们家每一餐都很强调蛋白质的摄取，每餐都应该有富含蛋白质的食物，最佳的蛋白质来源是瘦肉、蛋和米豆。所有的豆荚类都含有蛋白质，但米豆的蛋白质最佳。瘦的红肉对身体很好，因为富含铁质。营养摄取均衡的人一天吃一个蛋不会有害，孩童早餐吃两个蛋没什么关系。不喜欢吃蛋的人，可以煎法国吐司或是煮燕麦片时加个蛋花，这样就吃不到蛋味。不要小孩想吃什么就给他吃什么，发挥一点创意来鼓励孩子吃营养健康的食物。想想看你的孩子都吃些什么东西，台式早餐或面食的蛋白质成分通常不多，在外用餐时可以动动脑筋，尽量多吃些蛋白质（可以加个蛋，或是点鱼肉、鸡肉等）。

**丹玛医师说：**

第一次世界大战期间，有人针对豆类食物和其他的肉类替代品做过研究，结果发现米豆的蛋白质最丰富。吃花生酱也可以，反正比不吃强，不过还有蛋白质成分更丰富的食物可以选择。如果你这一餐摄取了丰富的蛋白质，就会等到下次用餐时间到了才感到饥饿。可是如果你吃了淀粉含量丰富却没有蛋白质成分的一餐，胰岛素就会升高。如果早餐只吃块面包（或馒头），喝杯柳橙汁，两个小时后就会有血糖过低的现象。

如果你模仿小孩子整天活动，他怎么做你就跟着做，你的体内会燃烧掉许多胆固醇。我不觉得吃蛋有什么害处，蛋就是鸡嘛，我每天早上都吃一个蛋，这个习惯已经维持了一百年。一天吃一个蛋不会有什么害处。

吃蛋本身没什么不好，但有些人的做法就是太极端。某天有个小男孩来诊所看病，他12岁，体重102公斤。我量他的血压，发现血压值分别是200和100，他的身体就像个老人家的身体。我询问他的饮食情况，他说他早餐都吃一打蛋和一整条吐司。我承认这些都是好东西，但是怎么能以这么极端的方式吃呢！连水这样的东西都不行，喝太多水也会死人的。

红肉没什么不好，红肉有丰富的铁质，这是我们身体必需的。

## 淀粉

每一餐都应该摄取淀粉，比如吃点全谷类和马铃薯。

## 蔬菜

午餐和晚餐都应该给孩子吃蔬菜，尤其是富含铁质的绿色叶菜。

如果孩子不喜欢吃蔬菜，我有时会这样做：第一，我不会让他们在两餐之间吃点心（不能喝牛奶、果汁，也不能吃面包、饼干，只能喝水）。我会鼓励他们尽情地玩，多活动一下。我相信每个孩子只要尽情地玩，多多活动，而且不吃点心，到了快吃饭的时候，一定会饥肠辘辘。这时我会先在桌上摆一大盘绿色蔬菜，有煮熟的四季豆、雪豆、芦笋、青花菜或生黄瓜片、生胡萝卜条、西红柿等，给他们大嚼一番，然后再煮午饭或晚饭。等全家人坐下来准备吃晚饭时，这一大盘蔬菜几乎已经见底了。

全家一起看影片的时候，我也会准备一些蔬菜点心，来取代洋芋片和爆米花。像四季豆、雪豆和黄瓜片都是很好的蔬菜点心，不但好做，嚼起来也是清脆有声。

### 水果

其实水果中所含的营养并不是很重要，这跟一般人所想的相反。柑橘类水果的营养价值往往被夸大了。如果家中购买食物的预算有限，光买一些当季的便宜水果就已经很好了。（摘自《丹玛医师说》）

**丹玛医师说：**

很多人去买菜时，都特别注意要买柳橙、葡萄等水果，其实把钱拿来买好的蔬菜、瘦肉和全谷类淀粉食物，是更好的选择。大家都太重视水果了，水果是很不错，但还有一些食物是我们更需要的。

### 甜食

蜂蜜比糖要好得多。只要少量摄取，吃糖对一般的孩子没有害处。一个礼拜吃一两次甜点不会有害，但孩子不应该期待天天有甜点吃，也绝对不要在两餐之间吃。不过有些小孩子（和大人）如果吃太多甜的东西，就会很兴奋、容易哭闹、易怒、情绪失控，所以要注意一下。

**丹玛医师说：**

很多东西原本是好的，是人把它们变坏的。糖没什么不好，除非是吃太多。我年轻的时候喜欢吃糖，35岁就开始出现关节炎的症状，四肢关节疼痛，髋关节也疼痛。50岁的时候，我决定不再吃糖，直到今天，我的手仍像16岁少女的手那么灵活。我弯腰的时候，可以不弯膝盖就碰到地板。

我实在太惊讶了，一百岁的老太太竟然能够不弯膝盖就碰到地板。

## 饮料

**丹玛医师说：**

　　我们应该只喝水，其他饮料都不要喝，而且渴了才喝。很多人说人一天需要喝八大杯水，我不觉得有这个必要，其实喝太多水也可能对身体有害。血液稀释过度，导致电解质不足，心脏就会无力。我们家以前常在后院放一只水桶，谁渴了就去舀水来喝。每个人需要的水量都不一样。除了水以外，我不会给孩童喝别的饮料。不久前有个小男孩来诊所看病，他看起来精神不济，健康状况很糟糕。我检验他的尿液，他尿中的含糖量惊人。我问他的母亲："他身体里面怎么会有那么多糖？"她说："我们家根本就没有糖。"她是那种很注重健康的人。"他平常都喝什么？""苹果汁，是我自己榨的。""你怎么处理苹果渣？""拿来做堆肥。"我计算了一下，这个孩子每天吃进220克的糖，他的视力一定已经完了。"可是那是天然的糖分啊！"他的母亲说。有什么糖不是天然的？从甘蔗中萃取的糖是天然的，地上的一切都是天然的！她把苹果里面的胶质、纤维素和蛋白质全都扔掉了，这个孩子只吃进糖分和水分而已。很多人不晓得孩童根本不需要喝果汁。我们为什么不买苹果，却要买苹果汁呢？为什么不把食物中所有的营养都吃进去呢？

### 乳制品

美国人吃太多乳制品了。在正餐中，乳制品只是陪衬，不能喧宾夺主。干酪不是好的肉类替代品，优格也好不到哪里去，喝牛奶容易导致贫血。如果只偶尔在焗烤的菜肴上撒点干酪，在生日派对上吃点冰淇淋，或在白酱里加点牛奶，这倒没什么大碍，可是要注意别太常吃乳制品。如果孩子对乳制品过敏，即使食物里面只加了少量的乳制品，都可能危害到他的健康。（摘自《丹玛医师说》）

**丹玛医师说：**

我的理论是，摄取太多钙质会阻碍铁质的吸收，有关贫血的研究很多。我们知道有个做法会导致小牛贫血，就是断奶后还一直给它们喝奶，小牛肉就是这样来的。但它们并不是只喝奶不吃别的。我们发现，喂狗的时候，如果在平常它吃的狗食之外，再加上一品脱（568毫升）的牛奶，短短一个月内，狗的血红素数值会减少10%。我相信这跟吸收有关。一片约8平方厘米的干酪，相当于一杯牛奶。一个披萨里面含有一大块干酪。乳制品是我们医生的摇钱树，常吃披萨会让冠状动脉出问题，结果获利的是心脏科医师和外科医师。常吃乳制品会导致小孩贫血，结果获利的是小儿科医师。正因为这世上有愚蠢的人，有钱人才会更有钱。

七十几年前大家才开始买外面卖的整条吐司，当时很流行吃牛奶吐司，就是拿一大片吐司，涂上奶油，再把吐司烤一烤。他们会在吐司上面撒糖，然后浇上牛奶，可能还加点香草或柠檬。结果很多常吃这种吐司的人开始拉肚子，渐渐有贫血的现象，行为开始变得怪异起来，有些人还被送进精神病院，原来是得了糙皮病（pellagra）。

亚拉巴马州一位医生开始给他的糙皮病病人喝用卷心菜熬出来的高汤，结果很有效。我们发现，良好营养中不可或缺的维生素B，正是牛奶吐司中所缺乏的。有一天傍晚，一个母亲带孩子来诊所看病，这个孩子已经拉肚子好几个礼拜，嘴角破皮流血，血红素数值只有5，她没在睡眠中死掉真是奇迹。我还没检查完毕，就直接把这个孩子送到医院输血。这个孩子患了严重的糙皮病，她的母亲告诉我，她只吃干酪和白吐司。

如果我的孩子只想吃这些东西，我不会跟她说不能吃，我会说："家里没有白吐司，也没有干酪。"到了吃饭时间，就把营养健康的食物端上桌，什么也不用说。这一招屡试不爽。

## 钙质

大家都太强调要摄取钙质。骨质疏松症是因为缺乏维生素D，没有维生素D，身体就无法利用钙质，并且加以吸收。想摄取维生素D，就要晒太阳、吃肉、蔬菜和鳕鱼。（摘自《丹玛医师说》）

## 不要给孩子吃点心

很多父母会抱怨孩子不吃饭。根据我的观察，在正餐时间食欲不振的孩子，平常大多一直在吃零食或喝饮料，结果就影响到食欲。这种问题通常不是孩子的错，很多父母或祖父母觉得孩子正餐吃得不够，就会在两餐中间给他们喝牛奶，或是给他们吃优格或点心。没错，连一杯看似无害的牛奶、果汁或优格，都会影响到孩子吃正餐时的食欲。

**丹玛医师说：**

在两餐之间吃点心的孩子，容易贫血，也很可怜。因为他们的胃一直都没有机会空下来，所以常常觉得饿，但是又不至于饿到可以吃下一顿正餐。

## 宝宝早餐吃什么

有很多妈妈告诉我，他们家从来不吃早餐。我不能想象孩子早上起来不跟爸爸妈妈吃个早餐就去上学。早餐是一天当中最重要的一餐。

　　不管你做什么，早上都要给孩子吃点含有蛋白质的早餐。我很难想象有那么多孩子，早上只是吃块蛋糕或吃个馒头，再配上一杯果汁或牛奶而已。美式的儿童早餐麦片里添加了许多糖，也好不到哪里去。这种没有营养的早餐，只会造成人体内的糖分不平衡。

　　我们家的孩子每天早上都吃蛋，还有燕麦片或是吐司加花生酱。有时候会吃前一天晚上吃剩的鲔鱼色拉或鸡肉。她们的早餐大多比午餐要丰盛得多。

**丹玛医师说：**

　　有一次我去参加一个医学会议，跟一个年轻的小儿科医师闲聊，我说小儿科医师最重要的职责是教那些母亲好好照顾孩子的生活起居和饮食。我强调说，教母亲好好照顾孩子的健康，比光开药要好多了。这个年轻医生听了，竟然摊开双手回答："教这个又不能赚钱！"也许带小孩去看兽医比较好，兽医都很重视"病人"的营养，也很清楚食物是最重要的一环。

# 别问孩子想吃什么，直接给他有营养的

一个忙碌的妈妈在做饭时，应该把重点放在简单和营养这两方面。为了省时间和体力，我常会一次煮很多，可以吃两顿。你不需要每天晚上都煮大餐，常吃同样的简单菜肴没什么不好。

不需要问孩子想吃什么或不想吃什么。如果孩子不吃我准备的食物，我就包起来，放在冰箱，然后让他们下饭桌去玩。等下一次吃饭的时间到了时，我就从冰箱拿出那些包起来的剩菜给他们吃。

**丹玛医师说：**

绝对不要跟你的先生说："不用给小琪豆子，她不会吃的。"如果你在孩子面前说这种话，从此她一定不会再吃那样东西。

不要强迫，也不要唠叨，尽量不要把话题绕着食物打转，也尽量不要在吃的方面给孩子压力。只要把好吃又营养的食物端上桌，谢谢上帝，谢谢做饭的人，然后就可以开动，谈一些开心的话题。

**丹玛医师说：**

　　孩子两岁后，生长曲线几乎呈现水平趋势。过去两年来体重增加了13公斤，但接下来整整一年只增加1.3公斤。过去两年来身高增加了80厘米，但接下来整整一年却只增高8厘米，也许还更少。他不再需要吃那么多了，他需要的食量不会超过一岁时食量的五分之一。所以他其实不是很饿，如果你强迫他吃，他可以坚持不吃，这对他来说不是件难事。所以不要担心孩子的食量，应该注意的是他吃了些什么。吃饭要怀着愉快的心情，不管孩子吃多少，都绝口不要提食物的事。在下次吃饭的时间还没到时，不要给孩子食物或饮料，只能喝水。如果你发现孩子只吃马铃薯，其他的东西都没碰，不要小题大做，暂时不要煮马铃薯就是。

# Chapter 6

**第六章**

给新手爸妈的
一些建议

## 要吮手指还是吸奶嘴？

不要给宝宝吸奶嘴，吮手指比吸奶嘴好多了。有很多人以为让宝宝吮拇指不好，其实只要常常给宝宝洗手，吮拇指没什么不好，这只是宝宝安慰自己的一个方式，很自然。当宝宝到了一个新环境，会吮拇指来安慰自己，而不是用哭闹来表达不安。我们家宝宝想睡觉时会吮拇指，而不是哭闹。难道你宁愿孩子哭闹而不要他吮拇指吗？

别用奶瓶装水来安慰宝宝，如果昏昏欲睡的宝宝一直喝水，而你一直加水，宝宝有可能因为喝太多水，导致体内的电解质稀释过度。（摘自《丹玛医师说》）

**丹玛医师说：**

奶嘴是很脏的东西，奶嘴接触过的地方，你绝对不会把牙刷放在那里，然后又拿来刷宝宝的牙齿。奶嘴真的很脏，不过让孩子吸奶嘴倒有助于刺激经济，让医生的生意更红火。

## 宝宝长了尿布疹怎么办

轻微的尿布疹看起来有点红，比较严重的尿布疹则很红，有小颗粒，甚至可能起一些像烫伤般的水泡。得尿布疹最常见的原因是服用抗生素、尿液呈碱性（通常是因为喝果汁）或是过敏的反应。（摘自《丹玛医师说》）

不要给宝宝喝果汁，宝宝的衣服和被子的质料一定要用全棉，不要掺有聚酯纤维等合成材质。如果你是用纸尿布，可能需要换个比较透气的牌子。尿布的质量参差不齐，而且很可能是一分钱一分货。购买时要注意，连一些国际知名品牌的尿布也有不同等级的价格，例如，帮宝适的超薄干爽尿布和特级棉柔尿布，在透气性上就有很大的差别。另外要注意别给宝宝穿太多衣服，体温过高和不透气也会助长霉菌的生长。

玛蒂亚姑姑说，严重的尿布疹表示有霉菌感染，要尽量让感染的部位保持干燥，每天擦三次抗霉菌药粉（Mycostatin）。如果破皮或起水泡，除了用抗霉菌药粉，还要用使立复乳膏（Silvadenecream），一天3次，先擦乳膏，再撒药粉。

## 宝宝长牙时一定会闹吗？

很多人对长牙有错误的观念，认为婴儿长牙时会不舒服，甚至发烧。往上数两代，甚至有一些人会切开婴儿的牙龈，来减轻长牙时的疼痛。

**丹玛医师说：**

其实受精后5个月，胎儿就开始长牙，直到18岁才会完全长好，整个过程不会出现什么症状。

丹玛医师的小病人，包括我们的孩子，从未遇过长牙的问题。但有些母亲告诉我，她们的孩子长牙时问题多多，这些母亲都是采用一哭就喂奶的方式养育孩子。听了几个恐怖的例子之后，我渐渐地相信，这些宝宝长牙时所遇到的问题，其实跟长牙无关，而是因为一哭就吃奶的宝宝很容易吃奶吃到睡着，口里含着奶没吞下去，结果造成了蛀牙。我认识几个一哭就吃奶的宝宝，必须麻醉后才能让牙医治疗严重的蛀牙！这些宝宝常常会吃奶吃到睡着。

我们大人不可能口里含着食物睡觉，却让宝宝口里含着奶睡觉。宝宝也需要建立良好的口腔卫生习惯。帮助宝宝在饮食和睡眠方面建立一套良好的习惯，你和你的宝宝就可以免受其苦。

## 地毯该扔了

不要把宝宝放在地毯上，地毯上容易附着细菌，藏有许多过敏原，可能会让宝宝鼻塞或耳朵发炎。（摘自《丹玛医师说》）

## 医孩子，不要医症状

有一句小儿科医师的忠告真是讲得对极了：医孩子，不要医症状。意思是说，如果孩子病了，但看起来很满足，也玩得很高兴，很可能不是什么大毛病。有个美国的小儿科医师曾经告诉我："重点不是看孩子发烧到几度。比如说，有些孩子发高烧到40摄氏度左右，但他们来看我的时候，还会活泼地跟我打招呼。他们虽然发着高烧，神智却很清楚，表现正常。可是有些孩子只是轻微发烧而已，却全身无力，这时我就知道问题严重。"所以，妈妈们不但要留意孩子的症状，也要观察他的行为。如果表现正常，很可能没什么大碍。如果表现不寻常，就要立刻带他去看医生。

# Chapter 7
## 第七章

### 新手妈妈最棘手的
### 育儿问题大集合

我常与朋友交流育儿心得，获益良多。在此与大家分享这些宝贵的经验，并祝每个家庭都能有甜蜜的亲子生活。

——奂均

Q：亲爱的奂均，我实在很难相信你们家3个女儿在6周大时就能一觉睡到天亮！我们的儿子现在已经11周大了，还是没办法一觉到天亮……他出生后，我们采用一套有弹性的作息时间表，差不多每3个小时喂一次奶。除了不能一觉睡到天明，他还一定要我们抱着摇一摇才肯睡觉。他也经常在睡着20分钟后又醒来，一直哭（白天和晚上都会），希望我们抱他起来摇一摇，帮助他再度入睡。

A：就让宝宝哭吧，别再抱他起来摇他入睡，你的宝宝已

经养成了哭的习惯。因为他是在你的怀里被摇着入睡的，所以
当他发现自己躺在床上时，就会很惊讶、很生气。如果你希望
他改掉这个习惯，就必须任由他哭，别再去理他了。如果你坚
持一贯的做法，他很快就会明白，上床时间一到就得睡觉，没
有商量的余地。

Q：我们把宝宝放下来睡觉后，如果宝宝哭了，我们通常
会等5分钟再去抱他起来。如果等了6分钟，他就会很生气。我
们把他抱起来后，会摇他入睡。我们这样做了3天之后，他每次
哭还是一样大声、一样久。听到他哭得那么厉害，我们真的很
不忍心。

A：你们的宝宝哭得厉害是因为他很生气，而不是因为他
有什么真正的需要。如果你们已经喂他吃过奶、帮他拍背打
嗝、换过尿布，他的需要就都得到满足了。他现在需要的是，
学习自己入睡。哭五六分钟只够他暖身准备大发脾气，如果他
每次发脾气你们就立刻去安慰他，他就会继续像这样发脾气，
毕竟他已经学会用发脾气来得到他想要的。以你们的情况，我
的建议是——放轻松，别去抱宝宝，等下次喂奶时间到时再抱
他起来。如果你们这样做几天，宝宝上床睡觉时就不会再哭闹
不停了。我们家的宝宝上床后，都哭闹不到一分钟就停了。

Q：让宝宝一直哭会不会对宝宝不太好？我从不同的地方听到很多警告，认为这会破坏孩子的自我价值（觉得不被父母重视），会伤害到孩子的心灵，也会害他不再信任不理会他的父母。

A：你可以去问问那些按照丹玛医师的方法或《从零岁开始》的方法被带大的孩子，问他们有没有因为父母任由他们哭，就害他们失去自我价值？根据我的观察，按照丹玛医师的方法被带大的孩子，会比较满足，也比较有安全感。其实很多父母刚开始是采用一哭就喂奶的方式带孩子，但后来改用按时间表喂奶和睡觉的方式带孩子之后，他们发现孩子和之前有着天壤之别。每次哭闹就得到注意的宝宝，会变得索求无度，不容易满足，不讨人喜欢。而那些无法用哭闹得到注意的孩子，反而很快乐，容易满足，讨人喜欢，也能够信任父母。我觉得这个现象很有道理。

Q：我听说不要让宝宝在白天睡太多，晚上才会睡得比较好。可是宝宝白天如果很困，实在很难一直让他保持清醒。

A：主要的原则不是减少宝宝白天睡觉的时间，我们家的宝宝在白天睡很多，晚上也都一觉到天亮。主要的原则如下：一、每4个小时喂一次奶，时间一到，就叫醒宝宝起来吃奶。

这是要建立他的新陈代谢系统，让他学习在适当的时间感到饥饿。二、不要让宝宝吃奶吃到睡着。每次喂完奶后，跟宝宝玩5到20分钟，尽量让宝宝保持清醒。第二个原则很重要，原因有几个。第一，我不希望宝宝养成睡前需要吃奶的习惯。第二，如果一吃完奶就睡觉，宝宝其实还没有很累，这样下次喂奶时间还没到，他就会提早醒来，并且觉得有点饿、有点累。半饥饿、半疲倦状态的宝宝，一定会哭闹不休，而且这时很难让他吃下全部的奶量，因为他还不到完全饥饿的程度。我只有在晚上10点最后一次喂奶后，才会让宝宝吃完奶就上床睡觉，因为经过一整天的活动，宝宝这时已经很累了。

Q：有个同事教我一个方法，我想知道你的看法。她说当宝宝开始想睡有点哭闹时，可以抱着他走来走去10分钟，然后在宝宝还没闭上眼睛睡着之前，就把他放到床上睡觉。这时宝宝还没睡着，不过因为被抱着走来走去，所以有点昏昏欲睡，变得很安静。宝宝会在婴儿床里磨蹭几分钟，然后就会自己入睡。我同事说这个方法到最后也可以教宝宝学会自己入睡。

A：我不喜欢这个方法的一个原因是，这很可能会变成一个习惯。也就是说，宝宝每次都需要有人抱他走来走去10分钟才肯睡觉。你愿意一直配合这个习惯吗？我们家从来不需要这么做。当宝宝累了时，我们会检查一下尿布，给她一个不超过一分钟的紧紧拥抱，然后把她放到床上睡觉。我前面说过，我们的宝宝大多会立刻睡觉，或者哭不到一分钟就睡觉。如果你把宝宝放上床后，宝宝开始哭闹，先等他哭15分钟后再去看他。去看宝宝的时候，检查一下尿布，帮他拍背打嗝，给他一个不超过一分钟的紧紧拥抱，然后再度送他上床睡觉。

**丹玛医师说：**

　　如果你经常摇着宝宝入睡、唱歌给宝宝听或一直抱着宝宝，而且每次都是满怀爱心去做，就不会对宝宝有什么害处。可是问题就出在很多父母乐乐意为宝宝开始这个习惯，但是当他们累了或者想做别的事时，宝宝如果一定要人摇他、抱他或唱歌给他听，他们就会很生气，不愿意继续维持宝宝爱上的这个习惯。当孩子发现父母不见得可以信赖时，心灵就会受伤。如果是我们自己开始这习惯，那么当孩子要求我们继续维持这个习惯时，我们就不能够生气。父母若想培养出一个快乐、有安全感的孩子，就应该在家里的每面墙上都大大写上"一致"两个字。

　　Q：我常让宝宝趴着睡，不过都是在白天我看得到的时候，晚上我就不敢让他趴睡了。我发现宝宝趴睡时会睡得比较久、比较踏实，不会中途醒来。可是我先生是个医生，他说有很多状况已经证实彼此间互有因果关系，但为什么会这样却不得而知。他认为只要可能导致不幸的结果，就不该冒险。

A：你对趴睡的观察很正确，宝宝趴睡时确实会睡得比较好，比较有安全感，也比较容易活动。丹玛医师比喻说，仰睡的宝宝就像一只四脚朝天的蜘蛛！我们很多人深信婴儿猝死症不是趴睡导致的，但我们不是要说服你相信什么，你和你的先生不管做什么，都不能违背你们内心所相信的事，你在这方面也应该照先生的要求去做。不过我觉得很可惜，很多人因为害怕，就不敢让宝宝趴着睡，但他们照医生的建议让宝宝仰睡之后，反而让宝宝不舒服、害怕或睡不好。

Q：我们目前住的地方只有一间卧房，所以宝宝跟我们睡一间。只要宝宝醒来哭了，我们跟他只有一公尺的距离，所以实在很难不理会宝宝的哭声。有时我早上醒来，竟发现宝宝趴在我的胸前睡着了，我根本就不记得把他抱起来！

A：应该让宝宝睡在客厅，尤其是晚上的时候。只要不睡在同一个房间，就很有帮助，可以让你们夫妻好好睡一觉（这样就不会听到婴儿发出的一些小声音，有些婴儿睡觉时还挺吵的呢）。可以买一个比较好的游戏床给宝宝睡，很多游戏床都

附有新生儿用的提篮。我们试过在地板上给宝宝铺个小床，甚
至让宝宝睡在大衣橱里面！有些人觉得我们太残忍了，竟然让
宝宝睡在衣橱里，可是像衣橱这样的小空间会给宝宝安全感，
而且冬天时比较温暖。当然我们会稍微打开衣橱的门，这样比
较通风。如果你不想在半夜两点起来喂奶，而且想训练宝宝一
觉到天亮，最好不要让宝宝跟你们睡在同一个房间里。

Q：每次我们出门，不管是坐车或是让宝宝坐在婴儿车
里，宝宝都会睡着。宝宝每次感受到车子或婴儿车的震动时都
会睡着，实在无法保持清醒。所以如果我们出门买东西，在外
面待了3个小时，宝宝通常会一路睡觉，这样就打乱了他的睡眠
时间表。你觉得在这种情况下应该怎么办？

A：要记住，作息时间表是为了维护你们家庭生活的安宁
和秩序设计的，是作息时间表在服侍你们，不是你们在服侍这
个作息时间表，不要做时间表的奴隶。如果你觉得照这个作息
时间表去做，会让你们的生活更有压力，而不是更安宁，就要
退一步重新评估一下这个情况。如果你享受安安静静地坐在车
里，或是享受跟先生一起开开心心去逛街，就让宝宝睡吧！偶
尔看一下表，如果喂奶时间快到了，而且有一个方便喂奶的地
方，就可以把宝宝叫醒来喂奶，喂完奶后再继续逛街。作息时

间表被打乱时，不用担心，第二天再重来就好了。

Q：你说等10分钟、15分钟或20分钟再去看宝宝，你的意思是说，把宝宝从婴儿床上抱起来，然后哄他入睡吗？

A：我不是这个意思，我不会哄我们的宝宝入睡。如果宝宝在半夜两点哭了，而上次吃奶时间是晚上10点，我就会先照原订计划等一段时间，再去抱宝宝起来，喂他吃奶，帮他拍背打嗝，换尿布，然后再把宝宝放回床上睡觉。

Q：我4个月大的宝宝一直学不会吞食物泥，我觉得挫折感很大。

A：无论如何，千万别让自己有挫折感，没有什么事值得让自己感到这么挫败。暂时不要再喂宝宝食物泥，让自己休息一两个礼拜。丹玛医师强调，要在宝宝3个月大时开始喂食物泥。我自己是觉得可以有点弹性，在3个月到6个月之间开始喂食物泥就可以了。如果你的宝宝常常肚子饿，那么喂奶之后就要喂他吃点食物泥了。如果宝宝光喝奶就很满足，而你也觉得弄食物泥很麻烦，那你可以等一阵子再开始。请记住，关键在于宝宝的反应，如果宝宝很满足，长得很好，就不要给自己那么大的压力。

Q：我们的宝宝每天半夜两点都要吃奶，我们想直接省略这个时间的喂奶，你觉得可能吗？

A：如果你白天都一直照着时间表喂奶，当然有可能。

*Chapter 8*

第八章

多位妈妈的
丹玛医师育儿法
实践报告

## 丹玛医师万岁！

何恩和许惠珺夫妇

当初知道《丹玛医师说》这本书，是因为主烈和奂均的介绍。一听到我们想要孩子，奂均就把她手上那本《丹玛医师说》借给我们，我们拿到书后立即先睹为快，看完后觉得这本书讲得很有道理。后来我们在2003年年底领养了老大，就按照丹玛医师的方法来照顾她。

### 一天内就训练女儿一觉到天亮

我们第一次抱女儿回家时，她才11天，刚出院一天。那天晚上我们去孤儿院接她，回到家时已经凌晨1点。那晚8点她在孤儿院吃过奶，我们凌晨2点准备上床前，又喂她吃了一次奶，帮她拍背打嗝，换上干净的尿布，然后送她上床睡觉（趴睡）。凌晨5点时，她醒来哭了，我们没理她，她哭了15分钟后又睡着了。到了早上7点，她醒了，我们就喂她吃奶。第二天，我们分别在早上7点、上午11点、下午3点和晚上7点喂她吃奶，最后一次喂奶是晚上11点，喂完就送她上床睡觉。那天半夜她没醒来，从那时起，她就能够每晚一觉到天亮，我们高兴极了，大大松了一口气，这个方法真有效！我之前问过一个邻居带宝宝的感觉如何，他回答："要有心理准备，头两年别想睡好觉。"可是我们这对新手父母，从第二天起，每天晚上都可以一觉到天亮。女儿5周大时，我们省略掉晚上11点那次的喂奶。到她4个月大时，我们改成一天只喂3次奶，每次240毫升。女儿有很好的睡眠习惯，有几个月的时间，她可以在早上吃完奶后再睡两三个小时，中午吃完奶后再睡一两个小时，然后晚上吃完奶后，从6点睡到隔天早上7点，连续13个小时没有中断。

### 按时间表喂奶

女儿很快就适应了按时间表喂奶的方式，跟《丹玛医师说》讲的一样，时间一到就饿了想吃奶。因为她是领养的孩子，所以我们只喂配方奶。

## 断奶

我们帮女儿断奶的过程充满挫折感，很累，因为我们没有按照丹玛医师的指示——先喂食物泥，再喂配方奶。女儿4个月大时，我们开始让她尝点食物泥，但她不喜欢，几乎全部吐出来，而且哭得很厉害，所以我们试了两个礼拜后，就休息一个月没再喂食物泥。女儿6个月大时，我们给她换了较大的婴儿奶粉，结果她开始一直拉肚子，我们只好改喂原来0到6个月的婴儿奶粉，并且暂停喂食物泥。这种情况让我们很想尽快帮她断奶，因为我们知道，不断奶就会一直有拉肚子的问题。一个月后，我们又开始喂女儿吃食物泥，可是我们都是先喂配方奶，因为我们受不了她肚子饿时那惊天动地的哭声。我们一直希望她能多吃点食物泥，这样就可以快点断奶，可是她就是不愿意多吃。整整两个月，我们徒劳无功，女儿只愿意吃少量的食物泥。

后来有一天晚上，我们受够了，决定打国际电话给远在美国乔治亚州的丹玛医师。结果不出所料，丹玛医师叫我们先喂食物泥，再喂配方奶。所以第二天，我们就不理会女儿的哭声，先喂她吃食物泥，结果竟然奏效了！她一口气吃了很多食物泥，吃完后没再吵着要喝奶！于是我们立刻决定她可以断奶了，从那天起，她再也没喝过配方奶，直到现在，她仍然爱吃她的食物泥。原来断奶的关键是——做父母的要有胆。

## 婴儿食物泥，好做又营养

许惠珺

我一开始都是用制冰盒，后来觉得有点麻烦，因为米糊冷冻后会变得很硬，我有好几次在拿出冰块时弄破结冰盒。而且用手洗结冰盒挺麻烦的，所以我现在尽量使用适合微波加热的小容器（200毫升至400毫升的容量不等），每个容器装一种食物，可容纳三餐所需的分量。

### 使用的食物种类

一、淀粉类：糙米（或五谷米）和地瓜。

二、蛋白质：瘦肉、蛋或豆荚类，如米豆、扁豆。

三、蔬菜：胡萝卜、白花菜或青花菜、菇类（木耳、新鲜香菇等）、洋葱、豌豆、青椒、豆芽菜和绿色叶菜等。

四、水果：香蕉（每餐必用），较甜的当季水果，如菠萝、葡萄、番石榴、西瓜、木瓜。

### 各类食物比例

上述四类食物的比例为：淀粉类4成，蛋白质4成，蔬菜3成，水果2成。孩子食量最大的时期，一餐可吃至少500毫升的食物泥（满满两饭碗），所以要做够宝宝吃一天的话，比例上大约是淀粉类400毫升，蛋白质400毫升，蔬菜300毫升，水果200毫升，再加一根香蕉。

### 每次的制作量

我每次都是准备一周左右的分量，尽量每天只做一种，免得太累。比如说，礼拜一煮糙米粥，礼拜二烤地瓜，礼拜三煮蔬菜，礼拜四煮蛋白质类食物，礼拜五做水果泥，等等。

### 制作步骤

#### 一、淀粉类

1.五谷粥或糙米粥：煮起来较费时，但比白米营养多了。先将米放在净水中浸泡过夜，第二天倒掉水，将米冲洗两遍，再加水煮滚（一杯米加1.5升水）。煮沸后熄火焖几个小时，然后重新煮沸焖几个小时。这个方法省事又省燃气。放凉后，放入小容器中，然后冷冻起来。

2.地瓜：可以烤、煮或蒸，放凉后装入小容器中，然后冷冻起来。

二、蛋白质类

1.蛋：白煮蛋，一天3颗。

2.豆荚类：将豆子放在净水中浸泡过夜，第二天倒掉水，将豆子冲洗两遍，再加水煮沸（水盖过豆子，高出两厘米）。水沸腾后豆子会起泡沫，把泡沫捞掉，这样可以避免胀气，不盖锅煮几分钟，然后盖锅熄火焖几个小时就烂了。放凉后，放入小容器中，然后冷冻起来。

3.瘦肉（牛肉、猪肉或鸡胸肉等）：切小块，稍煮，焖烂，放凉，然后连汤汁一同在搅拌机中打成泥，再放入小容器或结冰盒中冷冻起来。

三、蔬菜泥

使用大的汤锅，只放少许水，先煮硬的蔬菜或可久煮的蔬菜，如胡萝卜、花菜、洋葱等，水沸腾后转小火煮3分钟。然后打开锅盖，转大火，放较软的蔬菜，如青椒、花菜、香菇等，煮1分钟，再放绿叶菜，如空心菜、地瓜叶、卷心菜、豆芽菜等，煮1分钟，然后熄火。放凉后，在搅拌机中打成泥，然后放入小容器或结冰盒中冷冻起来。

四、水果泥

使用当季较甜的水果，将水果打成泥（香蕉除外），放入制冰盒冷冻。水果尽量不要加热，这样可以保留酵素。每天早上为孩子准备当天三餐的食物泥时，再加入新鲜香蕉。我刚开始的时候一天用3根香蕉，没有加其他水果，等孩子习惯吃食物泥后，再变换水果种类，但一定都会用香蕉。

### 每天的例行程序

1.前一天晚上，从冷冻库中拿出糙米粥、地瓜、蔬菜、蛋肉或豆类，放在冰箱的冷藏室里自然退冰。

2.早上起来，将已退冰的食物放入搅拌机中，糙米粥通常冻得很硬，可以稍微微波一下。再将所需的新鲜香蕉和水果冰块放入搅拌机中，视浓稠度可加适量水。将所有材料搅拌成泥，分成三等份，放入冰箱，吃饭前放微波炉加热即可。我们的女儿从12个月到20个月，每餐至少吃500毫升食物泥。过了20个月后，正如丹玛医师所说的，女儿的食量渐渐减少。我们都是先喂女儿吃食物泥，然后我们再吃饭，这时我们会给她一点桌上的食物，让她练习咀嚼。等她的八颗臼齿长齐后，就可以跟我们一起吃正常的食物。

制作食物泥所需工具

我们使用动力强劲的搅拌机，可以将硬的水果直接打成泥。

# 女儿健康又快乐

何恩

女儿现在26个月大，我们仍继续喂她食物泥（每餐大约250毫升），但喂完食物泥后，都会给她吃一点我们桌上的食物。

带女儿上饭馆是一件很愉快的事，因为她什么都吃，也能耐心等我们夹东西到她的碗里。最近我母亲从美国来看我们，有一天晚上我们一起去饭馆吃饭，她很惊讶地说，没看过这么成熟的两岁小孩。女儿会拿刀叉，不挑嘴，什么都愿意吃吃看，算是个很有规矩的孩子。女儿精力充沛，充满活力，喜欢拥抱我们，喜欢做一些好笑的动作逗我们笑，带给我们许多欢乐。我们每天晚上送她上床睡觉时，心里都很感恩，感谢上帝让这个孩子成为这么大的祝福。女儿的身体健康结实，不瘦也不胖，从出生到现在只生过4次小病，1次是感染玫瑰疹，另外3次是感冒，但都不需吃药就自然痊愈。她天天都很快乐，每次见到新奇的事物都兴奋得不得了，真是个叫人疼爱的孩子！

## 照顾新生儿变成愉快的享受

罗伯洛恩博士（Dr.RobertA.Rohm）

亚特兰大市个性测验机构主席

1973年7月31日，我们的老大小蕾出生了，当时我们夫妻俩对于未来将面对的挑战完全没有概念。孩子是从上帝而来的祝福，但这不表示养儿育女的工作就会变得容易一点。带孩子确实是人生一大挑战，尤其是老大来临时，我们完全措手不及。唯一有帮助的，就是阅读育儿书籍，听听亲戚的意见，还有打电话向可以信赖的朋友求助。尽管如此，很多人仍觉得带孩子真不容易，尤其是新手父母。

女儿不分日夜、时时刻刻主宰着我们的生活。她一哭，我们就手忙脚乱。我们听说宝宝哭的时候，是表示有需要，不用多久，女儿就有一大堆需要了！她好像都不用睡觉，一哭就想吃奶，而且老是心情不好。我们很爱女儿，却很怀疑自己能不能胜任为人父母的角色。后来有一天，有位女性朋友告诉我们，有一个小儿科医师非常特别，就是丹玛医师。我现在回顾才看出来，当初那个朋友比我们还了解我们的困境。我们只知道有问题，她却知道有答案！于是我们去找丹玛医师。在自我介绍与寒暄一番之后，丹玛医师看着我们，问我们："是你们搬进去跟宝宝住，还是宝宝搬进来跟你们住？"

然后她开始解释，制定一套作息时间表和固定的程序非常重要，又说宝宝有时候需要哭一哭来运动一下（如果已经吃饱、换过尿布的话）。我很喜欢丹玛医师说话很有把握的样子。她的智慧与专业态度，还有她对父母的关怀和对孩子的爱心，立刻赢得了我们的信任。不用说，我们家不久就开始有了奇妙的改变。之后几年间，我们又生了3个孩子。3个宝宝的情况跟老大有着天壤之别，实在叫人欣慰。我们从这位有智慧的医生身上学到很多，从此以后，带新生儿回家和照顾新生儿，变成一种很愉快的经历。

除此之外，我知道我们的孩子都比以前健康多了，老大本来常常生病，后来身体变得健康起来，之后出生的孩子也都比较健康。真的很不可思议，我们不知省下多少不必要的医药费。丹玛医师不只是小朋友的知己，也是为人父母者的

"救命恩人"。老实说，如果没有丹玛医师，我真不知道当初该如何是好。

## 照顾了我家祖孙三代的百岁医师

DeniseGarnerJacob（乔治亚州）

丹玛医师恐怕无法想象，她对我和我家人的帮助有多大。在我还没生下老大时，我婆婆的婆婆就提到有个很棒的小儿科医师，她的3个孩子都是看这个医生。接下来我的婆婆也带她的孩子去看这个医生。她们两个都说，这个医生把照顾孩子和料理家务变成一件轻松自然的事，而且她人很好，光是认识她就觉得很有福气。当然，她就是丹玛医师。

女儿出生后，我当然也应该带她去看丹玛医生才对，可惜我没那么聪明，没有立刻听从老人言。我选了一个离家近一点的医生，以为小儿科医师应该都差不多。我的女儿小薇是个健康漂亮的宝宝，我怀她时就已经决定要喂母乳。刚开始喂母乳时很顺利，但不久之后，她每次吃完奶大约1个小时就会开始哭闹，而且情况越来越严重，最后变成经常哭闹不停。医生诊断她胃液逆流，开了胃药善胃得（Zantac）让她饭后服用。

女儿4个月大时，我们打算出远门，这是第一次带她出远门。远行之前的一个早上，她又哭闹不停，搞得我心烦气躁，我忍不住想，如果我得待在狭窄的小汽车里，听她哭闹3个小时，我怎么可能受得了。这时忽然有个念头闪过：带她去看丹玛医师。我把这个令我又爱又怜的宝宝放进车里，立刻开车去找这位久仰大名、医术高明的医生。那天丹玛医师刚好很忙，所以我们得等一下。当我们坐在那里等候，看见她的小病人在她的照顾下一个个开心又守规矩时，我的心情渐渐放松下来。我知道她一定可以解决我这个小宝贝的问题。

丹玛医师一面替我女儿检查，一面问了几个简短的问题。

"她是吃母乳还是配方奶？"当时我已经不再分泌乳汁，所以是喂配方奶。

"她每次喝多少奶？"有人告诉我每次要喂180毫升的奶。

"除了喝奶，她有没有吃别的食物？"根本没有人告诉我要喂别的食物。

丹玛医师看着我说："这个孩子一直没吃饱。她每次应该喝240毫升的奶，还要吃蛋白质、蔬菜、水果和淀粉类食物。"我听了之后简直吓坏了，我自己吃得那么好，但我这个无辜的宝宝却在饿肚子！我觉得羞愧极了，我那么爱我的孩子，希望把最好的给她，却连喂饱她的肚子都做不到。丹玛医师这时露出了笑容。她说："我想我们应该有办法救她。"她叫我坐下来，为我女儿列了一张食物清单。她也说明怎么预备这些食物，并要我们遵行一个合理的作息时间表。

　　看完诊后我立刻冲回家，把那些昂贵的胃药扔掉，开始照丹玛医师的吩咐喂女儿。然后周末我们就出发回我娘家，外公外婆看见小孙女胃口那么好，忍不住啧啧称奇。女儿的心情好多了，那天晚上一上床就睡觉，没像以前那样哭闹到凌晨一两点。现在女儿已经16个月大了，从那天起，我只带她看丹玛医师。女儿是个快乐的孩子，总是准时上床睡觉，而且睡得很好。我的婆婆和她的婆婆讲得果然没错，丹玛医生真的很懂得照顾孩童。有些人会说我很幸运，生了一个这么好的女儿。这是幸运吗？我不觉得。是上帝赐给我们这个女儿，但我们很有福气，能够认识丹玛医师，她的博学多闻和丰富的经验，真叫我们获益良多。

# 改变饮食习惯治好折磨女儿8个月的耳炎

Jannette Williams（乔治亚州）

我第一次见到丹玛医师，是在女儿9个月大的时候。我那时一直在为女儿寻找奇迹，希望不用在她的耳朵里放管子。一想到要放管子，我就觉得很害怕，在体内放外来的东西，本来就很可怕，还要期待身体不排斥这些东西。女儿4周大时，我的乳汁不够喂饱这个4.5公斤的宝宝，所以开始让她喝配方奶。从那时起，她的耳朵开始有发炎的现象，每两周就要去诊所报到一次，请医生换药，因为上次开的药没效，还引发了霉菌感染。牙医说，剧烈的呕吐和发高烧，使得她臼齿上的珐琅质产生裂痕。

这个孩子真是受够罪了，该去找一个能够找出病因的医生，而不是找那些只会一直开药的医生。我是从小姑那里得知丹玛医师的，她的孩子因尿布疹去看过丹玛医师。我们第一次去见丹玛医师时，她就花了一个小时跟我们说明女儿的情况和病因。所有的乳制品、果汁和糖都不能再吃了。

如果你当初跟我说，光是改变我们的饮食习惯，就可以治好孩子的耳朵，我一定会说你疯了。可是这个做法真有效！短短3天内，女儿整个人有如脱胎换骨，从此耳朵再也没发炎过。我祈求上帝派一个人来跟丹玛医师学习，让她的医术理念能够传承下去。丹玛医师，谢谢你，你又救了一个孩子！

## 绿色食物泥让双胞胎女儿不再贫血

JanHolland（乔治亚州）

丹玛医师一直都像是我的守护天使，她不但照顾我的孩子15年，也是我自己小时候的儿科医师。我第一次带孩子去看她时，大女儿小璐5岁，而我刚生了一对双胞胎女儿。我当时对医学界大失所望，5年来常常带孩子向医生报到，累积的看诊费高得惊人，更别说还有花在买药上的钱。我一向不同意一有病痛就吃药的做法，我知道小璐表面上的这些问题，一定有更根本的原因，我很想找出真正的原因。这时有人告诉我应该去看丹玛医师。

听到丹玛医师还在给人看病，我很惊讶，但我立刻打包了午餐，带着几本图画书，来见小时候熟悉的那张和蔼可亲的脸。乍见丹玛医师时，我的第一感觉是：她一点也没变老嘛！是因为她老是穿着那件医师服的原因吗？她开始帮我的孩子看诊，这时我赶紧回过神来。她果然吩咐要给双胞胎女儿吃她那有名的绿色食物泥，就是把豌豆、麦片和香蕉加在一起打成泥，一天两次，早餐则吃麦片水果泥，饮料方面只能喝水，并且两餐之间绝对不能吃东西。

接下来换小璐了。看见女儿爬上那张高高的木制检查桌，我有似曾相识的感觉，那正是我小时候常坐的地方。丹玛医师开始检查，她跟小璐说话时，语气和蔼亲切，她的话总是带着正面的力量。她说："这么乖的小女孩，我不会把她卖掉的。"我和小璐毕恭毕敬地看着又听着。丹玛医师检查得很仔细，又是验血，又是摸摸背部的皮肤，还仔细地检查了头发，然后她看着我，问我有没有人告诉我，小璐对牛奶过敏。我说："没有人跟我说过。"心里忍不住想到我每天竟然倒那么多牛奶给她喝。丹玛医师说："我把这个孩子的情况解释给你听。"她说的时候，仿佛亲眼目睹过一样，她说喝牛奶会导致耳炎，得服用很多抗生素，而且小感冒不断，这正是小璐5年来的情况。她又说："小璐耳朵里可能也放了管子。"每件事都给她说中了。然后她叫我坐下来，仔细跟我解释。

小璐的血红素值过低，所以她贫血了。丹玛医师说："大多数医生不会说贫血不正常，可是贫血是不正常的。每个人的血红素应该要在标准值的范围内。如果你照我的吩咐去做，你的孩子就会很健康。如果你不照我的吩咐去做，就不要跟别人说我是你的医生。"这些话言犹在耳，从来没有人用这么坚定却和蔼的语气跟我说话，我知道她的关怀是发自内心的。她开始解释消化系统的运作原理，谈到她很反对喝牛奶，因为有很多孩子贫血是因为喝牛奶导致的。她说："连动物在断奶之后都不会再继续喝奶，但人类却照常喝奶。至少要等两个礼拜，才能彻底清除体内残留的牛奶，这包括所有的乳制品。"我当初真应该把这些话写下来。我问她需不需要在两个礼拜后回诊。她说："不用。如果你照我的吩咐去做，就不需要回诊。如果你没照我的吩咐去做，就不要再浪费你我的时间。"我听了就知道她是认真的，她由衷希望我的孩子能够健康快乐，我很感谢她如此坦诚。

回家路上，我想起小时候，丹玛医师吩咐我的母亲，要煮米豆和卷心菜给我们吃，这是最营养的食物。我母亲果真照着她的话去做了！数不清多少年来，我们每个礼拜至少要吃一次米豆和卷心菜。母亲也不让我们在两餐之间吃点心。这套方法对我很有效，所以一定也会对我的孩子有效，看来我们要准备改变一些生活习惯了。后来小璐的皮肤和鼻塞好了，我们家3个女儿的健康状况都大大改善，只需要每年做一次例行检查就可以了。

## 肠绞痛宝宝脱胎换骨

NancyPyle（乔治亚州）

我儿子3个月大时，有严重的肠绞痛，痛到白天晚上都没办法睡觉。他常常痛到尖叫不停，吃什么就吐什么。丹玛医师列了几样固体食物，吩咐我配上燕麦粥喂给儿子吃，他吃了之后没有再吐，整个人像脱胎换骨一般！之前看了很多儿科医师，一点帮助也没有，只会说一些没有意义的话："这种状况会渐渐地自然好转。"看过丹玛医师后，我真是松了一口气，我永远忘不了她那些睿智的话，还有她和蔼的态度。

## 我的宝宝一觉到天亮

LeighSmithMintz（乔治亚州）

我在1988年第一次听到丹玛医师的名字，是一个加油站的服务人员告诉我的。当时我两周大的孩子正坐在我旁边的婴儿汽车座椅上，他问我孩子晚上有没有一觉睡到天亮。我看着他，觉得很纳闷，怎么会有人问这种不可能的问题。当时我是个新手妈妈，身体的疲惫自不在话下。自从我生完儿子出院回家，晚上要被他吵醒起来很多次，我当时以为这是正常的，新生儿怎么可能一觉到天亮呢？

这个服务人员有9个孩子，但每个孩子都在出院回家3天后就能够一觉到天亮。他说丹玛医师有办法。我问他："这个医生在哪里？"他告诉我地方，我第二天就立刻去看她，还带了一个怀孕的朋友一起去。到了那里时，只见到一间不起眼的办公室，门上贴个牌子写着"周四休息"。可是我非见到她不可啊！也许我应该明天再来……可是我实在受不了还要再煎熬一个晚上！我看见隔壁有一间白色的大房子，也许是她家也说不定。当我敲她的门时，她一定看出了我脸上绝望的表情。她说："我们来看一下你的宝宝。"我们走到她的办公室，上帝给我机会，跟这位有智慧的女士相处了两个小时。我真希望当时手上有一台录音机，她的每一句话都很有道理，都是简单的常识。人好像常常会把生活弄得很复杂，但丹玛医师谈的都是人生中最重要的事，她说这些小生命非常宝贵。她实在是个了不起的人。

"把宝宝喂饱，拍背打嗝，换上干净的尿布，然后就放到床上睡觉。检查一下婴儿床，如果床上没有蛇，你就可以走了——意思就是说，别再吵宝宝了。宝宝想哭就让他哭，哭对他有好处。"她说话既幽默又有智慧。我的朋友问："怀孕时应该注意什么？"丹玛医师回答："要常常笑。"两个小时的咨询，看诊费才8美金。跟这位特别的女士相处之后，你就晓得她真的是上帝赐给我们儿女的最好的礼物。

## 吃对食物泥，宝宝不过敏

CelesteFrey（乔治亚州）

我有3个女儿和3个儿子，我在第3个孩子10个月大时，第一次见到丹玛医师。有一天，有个朋友听到我老三发出气喘的声音，就建议我去看丹玛医师。我1989年第一次去看丹玛医师时，老三患有贫血，还有耳炎和肠胃炎。丹玛医师说，他可能也有气喘，但应该会在5岁到9岁之间自然痊愈，果真没错。她叫我扔掉奶瓶和婴儿配方奶粉，开始照她的吩咐给孩子吃东西，并且每3个小时给孩子吃一次抗生素，持续72个小时（设闹钟来提醒）。我按照她的吩咐去做，孩子的情况很快就改善了。她说，如果孩子的气喘发作，就给他洗个热水澡，让他吃一颗婴儿服用的阿司匹林。这个做法非常有效，平常不管哪个孩子感冒了，我们都会这样做。她建议地下室要用除湿机，老三的房间地板不要铺地毯，不要在家里抽烟，长霉菌的地方都要用漂白水消毒（像浴室、车库门等）。我们直到今天还在这么做。

我之后3个孩子都是照丹玛医师的吩咐吃食物泥，他们都没有对什么食物过敏，也没有气喘。我们家也都只是喝水，两餐之间不喝果汁、牛奶或汽水，这样小孩子就不会在小便时有灼热感。我们非常敬爱丹玛医师，我的孩子说，去丹玛医师的诊所就像去见一个慈祥的奶奶一样。每次去诊所看她，都是一次美好的心灵体验。她愿意花时间跟我们一同检视生命，教导我们养育儿女，并且分享她多年的育儿智慧。

## 早产儿一样能养得白白胖胖

JustineGlover（乔治亚州）

丹玛医师真是个国宝。1994年4月5日，我生下一对双胞胎。我们夫妻是经过3年的不孕症治疗，才在人工受孕的情况下怀了这对双胞胎。我终于在42岁的高龄生了，可是宝宝提早

8周报到，儿子2050克，女儿只有1600克。女儿的身体没什么问题，只是体重较轻，在早产儿病房住了一个月。但儿子的身体却有问题，他的心脏有个小活瓣无法完全关闭，动过3次手术后，我们终于可以带他回家。我们的儿子可以正常排便后，却发生尿布疹，严重到流血。这可怜的孩子已经吃了不少苦，看他一直忍受疼痛真的让我们很心疼。所有的专家都觉得尿布疹会渐渐自然痊愈，随便建议了十几种疗法，有的建议不要穿尿布（这你能想象吗？），有的建议擦各种药膏，但都无效。我的儿子继续在痛苦中煎熬。

有一天下午，我在超市遇到一位在加护病房工作的护士，她当初在北方医院照顾过我的女儿，我恳求她给我一点建议。她立刻说：“在没有办法的时候，就要去找丹玛医师。”我在医院担任语言治疗师，所以听过丹玛医师的大名。第二天早上，我和母亲一起带儿子去见丹玛医师。丹玛医师一听完描述就告诉我们，如果儿子每次喝完奶就排便，就表示他对那个牌子的配方奶过敏（这可是很贵的一种特殊配方奶）。她建议改用黄豆成分的配方奶，并且开处方笺让我们去买磺胺软膏来擦。儿子的小屁股虽然红肿得厉害，可是4天内应该会好。我眼睁睁看着儿子痛了3个月，这句话正是我当时最需要听到的，事后也证实丹玛医师讲得没错。丹玛医师又严肃地告诉我，必须给孩子制定作息时间表，什么时候该喂奶、睡觉、洗澡等等，基本上就是要享受生活、享受育儿之乐。她强调必须等宝宝空腹，才能够再喂奶，也强调绝对不要因为宝宝哭，就以为宝宝饿了。她说我应该在晚上10点喂最后一次奶，然后就要送宝宝上床睡觉。当时我实在已经累坏了，有时精神恍惚，感觉自己好像向后倒。我按照她建议的作息时间表去做之后，两个宝宝晚上都能够一觉到天亮，白天心情愉快，不会吵闹，而且一直都很健康。我从此开始了新生活！两个原本瘦巴巴的早产儿，突然变得白白胖胖。儿子9个月大时，体重已经11公斤，超过了生长曲线，我们都笑他看起来像个迷你的美式足球线卫！女儿的体重是9公斤，在生长曲线中是非常正常的。

我们带孩子回诊做例行检查，每次只要花10美金，就能享受咨询服务并得到正确的医学建议。每次看完诊离开，都会对世界充满希望，因为丹玛医师对家庭、工作都抱有正面积极的态度。她很有幽默感，她对我说，母牛带小牛可比我带孩子高明多了，因为母牛不像我，它没有一个大脑常常来搅局。丹玛医师叫我要用脑子想一想，她说我其实很清楚该怎么做，我应该回家好好照着自己的直觉去做。丹玛医师就是这么特别，她真心相信做父母的有能力把孩子照顾好，她比我们自己还有信心。丹玛医师知道，在她的调教之下，我们会更懂得照顾孩

子。丹玛医师有一句话说得很对，她说她不能退休，因为还有
很多父母需要教育。我很高兴自己也能像许许多多人那样，对
她说："谢谢你，丹玛医师。"


## 喝牛奶让耳朵发炎？！

EricandTiffanyMoen（乔治亚州）


我女儿的耳朵经常发炎，到了两岁的时候，我们跟医生开
玩笑说，我女儿应该享有老主顾的折扣才对，因为她来过这
么多次，每次挂号就要花50美金。女儿服用的也是最贵的抗生
素（Ceclor），每张处方笺的药量也要50美金，而且不见得有
效。她的耳朵每个月都要发炎一两次，全家人都不好受。6个
月后，我们搬到库明市，听说了丹玛医师的大名。丹玛医师告
诉我们，只要别再让女儿喝牛奶，耳朵就不会再发炎。果真没
错，女儿现在已经6岁了，耳朵没再发炎过。有一天我遇到女儿
以前的儿科医生，就跟他讲这件事，他竟然回答说："一般孩
子到了两岁后，耳炎本来就会自然痊愈。"这样的反应实在要
不得，竟然不愿意承认正确的饮食很重要！

# 趴睡治好宝宝扁平的后脑勺

JennyCromer（乔治亚州）

1993年4月17日中午12点零6分，我的独生子出生了。他很健康，重4千克，身长56厘米。医院护士吩咐我，要让宝宝侧睡或仰睡。两个月后，我们带宝宝回到儿科医师那里做例行检查，医生注意到宝宝的后脑勺有一块扁平的地方，就吩咐我要让宝宝侧睡，一个月后再回来检查。到时候如果扁平的情况没有改善，他会介绍我们去看一个外科医生，让他帮宝宝把长在一起的头骨重新归位。不用说也知道，我当场吓坏了，回来后不知所措，只知道哭和祷告。教会有两个朋友一直鼓励我去看丹玛医师，可是想到丹玛医师的年纪那么大，我就心存怀疑。不过，那个儿科医师的一番话，让我不管是什么都愿意试试看了。所以我打电话给教会这个朋友，请她带我去找丹玛医师。丹玛医师帮我儿子做了检查后，说我儿子非常健康，我听了大大松了一口气。她叫我千万别让任何人来切我孩子的头，她说我应该开始让儿子趴睡，他的头形就会渐渐恢复原状。

我的儿子现在19个月大，后脑勺完全看不出有扁平的现象。感谢上帝给我们丹玛医师，她帮我们省了很多钱和很多眼泪。她让我觉得，我不需要靠医生的帮助，就可以自然地做个好母亲。我现在会跟每一个妈妈推荐丹玛医师！


## 趴着换尿布更好清理

MelanieY.Doris（乔治亚州）


　　我没见过像丹玛医师这么有智慧的人，仅是在她旁边，就觉得好像跟天使在一起。她告诉我们，帮儿子换尿布时要让他趴着，结果真的很有效！趴着比较容易清理，也不会被尿喷到。儿子刚出生时，医院吩咐我们要让他侧睡，有些人则叫我们让他仰睡。我们觉得丹玛医师的建议最有道理，她说要在婴儿床的床单下面铺4条大浴巾，然后让宝宝趴睡。我们照着丹玛医师的建议去做，结果儿子的头形很漂亮。我们从不担心儿子会窒息，因为万一他的脸朝下，下面的浴巾也会透气。儿子也很早就学会控制他的头部，因为趴睡让他有机会自己转头换边。我们刚开始是看附近的一个儿科医生，偶尔才去看丹玛医师（开车要一小时）。但是才看过丹玛医师几次，我们就发现她的话很有智慧，加上65年的经验和敬虔的态度，真的很值得我们开这趟远路！现在儿子每次生病，我们都直接去找丹玛医师了！她真的很爱小孩子，我认为她是全世界最好的医生。我真是爱死她了！

## 全家受用的好医师

JanP.Winchester（德州）

我长大的地方，离丹玛医师的诊所很近。我现在有5个孩子，老幺刚满月，老大8岁。我们住在德州达拉斯，但我从来不带孩子去看这里的医生。我经常回亚特兰大，我总是回去时带孩子去看丹玛医师。今年我们回娘家过圣诞节，就带老幺去看丹玛医师。我心想，我前面4个孩子都是喂母乳，应该不会有什么问题，而且老幺看起来跟哥哥姐姐的情况差不多，所以应该跟哥哥姐姐一样健康。可是我的老幺在5周大时体重只有3600克，比出生时的体重还少将近400克。丹玛医师说宝宝根本没吃饱，就教我怎么按时间表喂奶，先喂母乳，再喂配方奶。现在宝宝可以一觉到天亮，身体非常健康。我的孩子是接受在家教育，我很珍惜丹玛医师的关爱和实用的建议。因为丹玛医师的缘故，我6岁的女儿说她要当医生，并且要把诊所开在丹玛医师的诊所隔壁，这样万一有问题的话，她可以马上跑去问丹玛医师！

连我们有一次去科罗拉多州度假滑雪时，都还打电话给丹玛医师，因为我先生当时很不舒服，我们以为他生了重病。后来丹玛医师建议他吃点泻药，结果一吃见效！我先生去纽约出差时，甚至跟公司的总裁分享这件事，总裁先生觉得他疯了，怎么会去吃泻药？可是当初若不试这个方法，就得送急诊室了。我先生选择照丹玛医师的建议去做，结果现在成了丹玛医师的忠实拥护者。丹玛医师真的影响了许许多多的人，我非常感谢上帝赐给我们丹玛医师。

## 感谢丹玛医师救了我女儿！

DianeLeonhardt（乔治亚州）

丹玛医师不只帮助过我的女儿一次，而是两次。第一次是在1994年，当时我5岁的女儿因为患了急性支气管炎，正在服用抗生素，并使用吸入剂。我们花了好几百美金，可是11天后，她的情况仍未好转。后来我听说丹玛医师仍在执业，就立刻打电话给她。结果她不但在3天内治好了我的女儿，还立刻指出我怀孕期间的问题是怎么回事，我这样讲一点也不夸张，我那时已经看过5个妇产科医生，但他们都找不出病因。我怀女儿时，在床上躺了6个月，医生给了几种不同的说法，但都不正确。我把症状告诉丹玛医师，她立刻很肯定地说，我有前置胎盘。她只收我8美金，之前我们不晓得已经花了多少冤枉钱。

丹玛医师第二次帮助我们是在今年，当时我女儿被送进急诊室，因为她发烧、出疹子、急性支气管炎发作，并且呕吐。我们在候诊室里等了6个半小时，他们不准我女儿吃东西或喝水。最后儿科医生进来了，前后待了不到10分钟，他告诉我们链球菌化验结果是阴性，但他们会再化验一次。他开了两天的抗生素，说会再跟我们联络，结果女儿的情况越来越严重，最后在打了8通电话之后，他们才告诉我，化验结果仍是阴性。我立刻去找丹玛医师，才短短10分钟，就发现原来女儿得了严重的猩红热！这种病可是会死人的！回家路上我哭肿了眼，心里好感谢上帝让我及时带女儿去看丹玛医师。结果女儿3天内就好了！丹玛医师简直像个天使。

我女儿后来一直很健康，我们很希望她的扁桃腺不用割掉，可是她之前的猩红热那么严重，实在很难说。她当时所有的症状都出现过，如果我第一天就带她去看丹玛医师，她就不用吃这么多苦头。我先生到现在还在为这笔误诊的医药费跟医院据理力争。当初我女儿患了致命的疾病，他们并未给予正确的治疗，但我们仍可能要付这笔医药费。后来我们到丹玛医师那里回诊，她简直不敢相信我女儿这么快就好了。她说："这真是个奇迹，扁桃腺完全消肿了！"我喜极而泣，忍不住上前拥抱她，不断地向她道谢！愿上帝赐福给这位善良的女医师，她真的是打内心关怀我们的孩子。

## 经常被误诊的咳嗽问题

LauraL.George（乔治亚州）

我第一次听到丹玛医师的名字，是在1980年，当时我正怀着第一胎。有一天，我跟几个新手父母朋友讨论怎么选择儿科医生时，他们提到了丹玛医师。我听了之后觉得很惊讶，丹玛医师竟是这么好的一个人，她当时八十几岁，还在执业，每一个认识她的人，都对她赞不绝口。我后来发现，你不会只是"认识"丹玛医师而已，你会去"经历"她这个人！周围每个人都劝我选择这位有智慧的医生，但我心想，她一定不可能再执业太久，所以为了现实的考虑，我找了一个比较年轻的医生。但是15年后，丹玛医师仍在执业，而我原先那个医生早已在7年前关掉诊所，到医院去做行政管理的工作了。要不是我们家在1990年遇到一个危机，我恐怕不会认识丹玛医师。那年10月中旬，我先生咳得很厉害，而且越来越严重。可是我先生这个人很能忍，他选择不看医生，打算让咳嗽自然好。两个礼拜后，他和他的弟弟一起到德国旅行两个礼拜，在那里他的咳嗽越来越严重。就在同一天晚上，快两岁的女儿也有点干咳。我刚开始并不担心，几天后，她咳得越来越厉害，不久之后，有一天半夜她醒来，发生抽搐，持续了将近15分钟，结束后就干呕。有一天下午她睡午觉时，我的大儿子跑下楼来告诉我，说妹妹在她的婴儿床里发出干呕声，而且脸色发青。我赶到的时候，她的抽搐情况正渐渐缓和下来，后来我才知道那是痉挛。我立刻带她去看我们的家庭医生，他的诊断是鼻窦引流出了问题，虽然没有其他的症状，他仍开给我含有可待因的止痛药（Tylenol），让女儿晚上可以睡觉（我可没说谎）。我当然不满意这个处理方式，可是我不知道还能怎么办。我决定不让女儿服用这种止痛药，而是看看接下来几天的情况，反正她没有别的症状，也不会不舒服，不太像会立刻出什么大状况的样子。再过几天我先生就回来了，可以帮忙决定该怎么办。

　　女儿的咳嗽越来越严重，有一天半夜再度醒来发生痉挛，我查了家里的医学书籍，想看看到底是怎么回事。结果一看之下，把我吓得全身冰冷，女儿可能是得了百日咳，这是孩童容易得的疾病，对两岁以下的孩童特别危险。我们家有个刚出生的宝宝，他也开始咳嗽了。过去几年来，我听说过丹玛医师投入研究，致力发展百日咳疫苗，毋庸置疑地，许许多多落入百日咳魔掌的孩子因她这项研究得以挽回性命。我心想，没有人比丹玛医师更能够认出这种疾病了。我打电话到她的办公室，没想到竟然是她接的电话。丹玛医师问："她有没有发烧？"我女儿没发烧，所以我松了一口气，以为也许我搞错了。结果丹玛医师的回答把我吓坏了，她说："她可能是得了百日咳，你马上带她过来。"

　　我们来到她那间纯朴的乡下诊所，她从后门带我们进去，免得传染给候诊室的孩子。女儿在接受检查的时候咳了起来，咳到喘不过气，脸色发青，全身突然发软，眼睛向后翻，身体开始痉挛。我跟6个孩子站在那里，满脸无助，哀求丹玛医师赶快想办法。感觉好像过了好几个小时，女儿的痉挛才渐渐缓和下来，这是百日咳的典型症状。可是丹玛医师从头到尾都很冷静，一面跟我女儿说话，一面鼓励我不要担心。很快她就证实了我所害怕的事，她说这是一个很典型的百日咳病例。她说她真希望可以带我女儿去奥古斯塔市的乔治亚医学院，让那些医学生看看百日咳的症状。显然这种疾病常常被误诊，这我可是太了解了！

　　女儿停止痉挛后，丹玛医师开始跟我解释，为什么她会花那么长的时间研究如何对抗百日咳。在20世纪40年代，曾经在短短一个礼拜内，她束手无策、眼睁睁看着同一个家庭中的3个孩子死于百日咳。在百日咳疫苗与治疗百日咳的抗生素问世之前，有许许多多人被百日咳夺走了性命。这番话令我震惊，也令我担心女儿的情况。这时3个月大的儿子在旁边咳了起来，丹玛医师问我，他咳了多久了。"如果他可以熬过这个礼拜，大概就不会有事了。"丹玛医师轻描淡写地回答，像在预测雷电雨一样。我听了却吓得差点昏倒，但她开给我抗生素，并且仔细教我服用方法。那天开车回家的路上，我的脑子里一片空白，我还记得当时眼前浮现出替最小的两个孩子办丧事的情景。我打电话告诉前一天才返家的先生。这个消息在我们教会和朋友圈中迅速传开，他们开始为我们祷告和安排帮忙的人手。接下来3个礼拜，每隔3小时就要给孩子吃药，连晚上也不例外。一个又一个夜晚，在孩子咳得喘不过气、脸色发青、不断干呕时，我们就陪在他们身旁。当孩子猛力吸气时，我们可以听见百日咳典型的哮喘声。我每天都打电话给丹玛医师，倾吐我内心的疑问和恐惧。她总是说："我很高兴你打电话来。孩子现在怎么样了？"每次听到她充满鼓励的声音，我就觉得放心。她说我照顾得很好，这种病要好转是需要时间的。很多人反对我们的做法，一直让我们送孩子去住院，接受呼吸治疗，服用各种药物，甚至叫我带孩子去看一个"真正"的医生。每次有人给我建议，我就打电话给丹玛医师，拐弯抹角地问她的想法。她总是回答："你又在听朋友的意见了。你只要照着我的吩咐去做，不要管别人说什么。"在这段时间里，丹玛医师的先生患有心脏衰竭，她在家照顾他。他们已经结婚六十几年，眼睁睁看着另一半的病情逐渐恶化，丹玛医师的内心一定很痛苦，但是我每次这样慌慌张张打电话给她，她都没有让我感觉到有一点不耐烦。她的反应正好相反，在她遭遇人生最沉重的考验时，她仍然如此关心我们的家庭。就在我们家小孩的病情逐渐好转的时候，丹玛医师的先生过世了。她这样无私无我地照顾我们全家，让我们永远感激。再也找不到像她这样的人了。

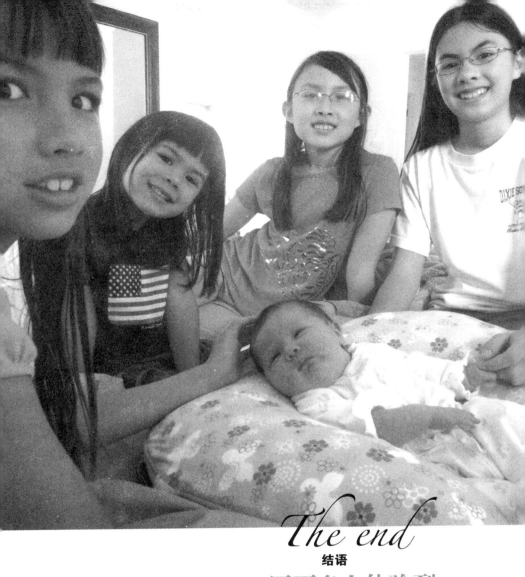

The end

**结语**

愿更多人体验到
养儿育女的喜悦

## 做幸福妈妈，养快乐宝宝

婚后第一次怀孕时，我跟其他的新手妈妈一样，开始阅读一些育儿书籍。坊间有许多育儿书籍，但有一种妈妈介绍的育儿书籍会特别引起我的注意，就是那些气定神闲、把家中整理得井井有条的妈妈。她们有什么秘诀呢？当我读到丹玛医师的教导，以及《从零岁开始》所教导的实用方法，我才明白为什么这些妈妈会那么快乐、气定神闲，而她们的宝宝那么健康又满足。这些都是基本常识，却往往是医生不能教给你的。我很高兴可以学到这些实用的育儿知识，而不是盲从现代医学界一窝蜂的看法。正如朋友对我们说的："假如当初不认识你们，我们恐怕还在按照一哭就喂奶的方式，一天到晚怨天尤人！"

前几天，我浏览了一本目前在美国十分畅销的育儿书，由两位作者合著，一位是育儿专家，另一位是哈佛名校出身的小儿科医师。果然不出我所料，作者鼓励父母让宝宝仰睡，也鼓励用一哭就喂奶的方式。接下来有人问了一个问题，他们的回答让我看了忍不住摇头。那个问题是："我的朋友说他们的宝宝才4周大，就能够一觉睡到天亮！这太不公平了！怎么可能呢？"

这两位"专家"嗤之以鼻地说："你的朋友在说谎，要不然不久就会证明他们错了，他们的宝宝很快就会恢复到正常的睡眠模式（即半夜醒来）。声称宝宝可以一觉到天亮的荒诞说法还有一个解释——爸爸。当我们听到新生儿可以神奇地一觉到天明时，其实通常都是骄傲的新手爸爸说的。睡着的当然不是宝宝，而是爸爸，妈妈半夜还是得起来好几次呢！"

接着其中一位作者又说："我有个6岁的孩子，他常常半夜醒来，并且把爸爸妈妈叫醒，说他要上厕所。让宝宝一觉睡到天亮是个不切实际的想法，没有孩子的夫妻才会这样想。"

看到这样的回答，我轻叹一口气。这两位作者在全世界最好的学府受教育，又被众人奉为育儿专家。人有可能博学多闻，却缺乏智慧或常识。实在可惜，美国畅销的育儿书竟然告诉所有的父母，想训练宝宝一觉到天亮是错误的想法，他们竟然说这是个"荒诞的说法"。他们的看法无法为家庭带来秩序与安宁，无法帮助父母轻松一些，无法帮助父母渴望再生，反而在无形中鼓励夫妻不要生孩子。他们根本就不了解现实的情况，读了这本书的人，会继续面带倦容。

我写本书最大的目的是要告诉大家，训练宝宝一觉到天亮不是什么不切实际的想法，只要按照本书所提出的原则去做，每个人都办得到。我真希望可以邀请那些不相信的人来我家住一个礼拜，亲眼看看我们家3个孩子都是一觉到天亮。这是事实。

孩子是从上帝而来的祝福，可惜今天有许多人无法体会这是个祝福。前几天我和玛蒂亚姑姑通电话时，两个人都一直说带新生儿的感觉真好。我衷心盼望这本书可以帮助许多人体验到养儿育女的喜悦。

## 奂均一路走来的育儿路

还来不及庆祝结婚一周年纪念日，我就发现自己怀孕了。结婚一周年纪念日那天，我是在床上度过的，因为害喜吐个不停，整天恶心反胃。回想那天，唯一让我快乐的一件事，就是先生送我一张温馨的卡片和一束漂亮的花。害喜很像得了肠胃炎，但肠胃炎一两天就会好，害喜却要持续12个礼拜。那段害喜的日子实在很痛苦。

我们的老大是在美国南方一个宁静的小乡镇出生，我们在那里固定参加一所教会，教会里的妇女大多是有孩子的家庭主妇。听到我怀孕，大家都为我们感到兴奋极了，帮我们办了一个盛大的派对，还为我们祷告。其实我们夫妻俩有时会觉得怪怪的，因为我们心里不像大家那么兴奋，就是没什么感觉。快要有个孩子的感觉很不真实，我们很难想象有孩子的生活是什么样子。不过我们虽然没有太多的感觉，却有信心。我们知道孩子是个祝福，我们相信时候一到，就会知道怎么爱这个孩子。

果然没错！孩子出生后没几天，我们心里就填满了爱，这爱是从进产房开始一点一滴累积出来的。女儿生出来后，护士一边帮她清洗，她一边扯开喉咙放声大哭。爸爸走过去，轻声跟她说话，她一听到爸爸的声音，立刻不哭了，而且还转过头来看着爸爸。她认得爸爸的声音，这个声音对她有安慰作用。实在很奇妙。

就这样，我们展开了为人父母的生活，而且在转眼之间，我们竟然已经有了3个女儿。这一路走来，我们真的觉得孩子是越多越好。此刻我一边写这篇文章，一边可以听见3个女儿在隔壁房间玩耍的声音，她们今年分别是4岁、2岁和1岁。看着3个小女孩玩家家酒，假装在做菜、买菜、给洋娃娃喂奶或换尿布，我总是感到惊奇。3个女儿喜欢玩在一起，即使只是睡午觉小别片刻，都会想念对方。每次看见她们互相拥抱、亲吻，我们心里就感动莫名。

除了开心的时刻，当然也有挑战的时刻。老大3岁时，开始很黏我，这让我们很头疼。每次我要出门，她就会放声尖叫、哭闹不停。当时我正准备发行《你是我最爱》专辑，正是最忙的时候，常常得出门开会。有一天早上我要出门去拍MTV，她又上演了一场尖叫哭闹剧。我那天一整天都心神不宁，晚上回家后，就开始教她练习乖乖地跟我说"妈妈，再见"。她跟着做了练习，却是心不甘情不愿。后来我送她上床睡觉，跟她一起祷告，但我是咬着牙在祷告，因为心里还很生气。不过上帝怜悯我，回答了我的祷告，祷告完之后，我的气就消了，于是我问她两个问题："你乖的时候，妈妈爱不爱你？""爱啊。"她回答。"你不乖的时候，妈妈爱不爱你？""不爱。"她这样回答。我立刻纠正她说："不对，你不乖的时候，妈妈也爱你，我一直都爱你。"我不断跟她解释和强调这一点，我告诉她，我不喜欢她不乖的样子，我会努力帮助她学会克制自己，把不好的行为和态度改过来，但我对她的爱，不是由她的行为或态度来决定，不管怎样，我一直都爱她。

后来她开心地露出笑容。"你真的一直都爱我吗？"她很惊讶地问。我重申一遍，"对啊，你不乖的时候，我也爱你，就算有时候我得打你屁股，我还是爱你。我一直都爱你。"3岁的女儿好高兴，从她的表情可以看出她真的觉得自己是被爱的，她相信我的话。

几分钟后我准备上床时，她跑下床来告诉我："妈妈，我爱你。"她没有要求我抱她或做什么，她只是想告诉我，她爱我。然后她说："妈妈，明天你出门的时候，我会跟你说'妈妈，再见'。"又过了几分钟，我听到她在自己的床上高兴地跳上跳下，也听到她很认真地、一遍又一遍地练习，"妈妈，再见。妈妈，再见。"这是一个很特别的经验。

那天晚上我告诉她，爸爸也是不管怎样都爱她，所以第二天早上她一看见爸爸，就立刻大声问道："爸爸，我不乖的时候你也爱我吗？""对啊，我很爱你，我一直都很爱你。"爸爸回答。下一次我们出门时，3岁的女儿仍然有点不情愿让我们离开，但她的表现一次比一次好。现在我们出门时，可以顺顺利利跟3个孩子说再见了。偶尔我们还会像玩游戏一样，复述我们家的格言："你们乖的时候，爸爸妈妈爱你们吗？""爱啊。"孩子们回答。"你们不乖的时候，爸爸妈妈爱你们吗？""爱啊，"孩子们带着笑容回答，"爸爸妈妈一直都爱我们！"我们夫妻对孩子的管教很严格，孩子各方面的行为和态度，我们都会加以训练和管教。但我们也会跟孩子强调，她们不需要靠表现来得到我们的爱。

在我周围有一群最好的老师和顾问，比如说玛蒂亚姑姑、丹玛医师和我最好的朋友波莉。我在美国的牧师娘有5个孩子，其中两个儿子是双胞胎，她教我怎么训练孩子乖乖听话，她的双胞胎儿子都很听话。这些妈妈朋友教我怎么维持一个气氛安宁、井然有序的家庭。她们都没有请保姆，也没有请佣人，却个个看起来美美的，而且气定神闲。她们的帮助让我获益良多，也让我可以期待生育更多的儿女。不会有人在咽下最后一口气之前，后悔花太少时间在工作上，却有很多人后悔花太少时间陪家人。所以我给为人父母者的建议是：不要一心一意想着你自己或你自己的雄心壮志。孩子待在你身边的时间很短，就像杜布森博士所说的："儿女只是暂时借给我们的，养儿育女的责任远大过其他的责任。在儿女还小的时候，你若能遵行这个优先级，等他们长大了，你会得到最大的报酬。"

常有人问我会不会再生，我每次想到再生，就会想到要忍受三四个月日夜吐个不停的日子。如果把目前这3次怀孕的时间加起来，我的人生已经有一年的时间是痛苦不堪地躺在床上呢！值得为一个孩子吃这么多苦吗？我的老三出生后几周，我写了一封信给她，我想用这封信来回答这个问题。

## 给三女儿恬昕的一封信

亲爱的恬昕：

在你大姐过完3岁生日、二姐过完1岁生日后几个礼拜，妈妈发现怀了你！妈妈那时候很累，因为我们全家还在适应新的生活，而且跟前两次一样，妈妈又严重害喜了三四个月。妈妈常跟爸爸说，我不要再怀孕了，我说你是最后一个孩子了，我们以后应该考虑领养。爸爸每次都笑笑回答："等宝宝出生后再说吧。"事实证明你爸爸很有智慧。后来妈妈开始阵痛，阵痛来得又快又猛，开了两指后，不到一个小时就把你生出来了。当时我在心里大叫："我再也不生了！"可是，当我现在抱着你，看着你漂亮的眼睛……你相信我会愿意再来一次吗？我的宝贝女儿，为了你什么都你值得，妈妈好爱你。

爱你的妈妈

*Addendum*

附录

## 附录一　波尔夫妇的育儿妙方

你是不是在训练你的孩子变得爱哭闹？我前面提过，不管你做什么或没做什么，都是在训练孩子。你知不知道孩子哭闹的行为，可能也是你训练出来的结果？下面摘录了波尔夫妇（Michael&DebiPearl）所写的几篇文章，他们独到的看法，帮助我们夫妻留意不要训练出爱哭闹的孩子。

### 受到不当训练的3个月大婴儿

我们教会有个年轻的妈妈，谈到她当初怎么会把3个月大的女儿小琪，训练成哭闹要人抱的"小坏蛋"。刚开始的时候，小琪一看到爸妈准备离开要去另外一个房间，就大哭起来，于是爸爸说："把小琪抱起来吧，她想跟我们在一起。"
结果妈妈一抱起来，小琪脸上就露出开心的笑容。就这样，小
琪被训练成很喜欢哭闹。她第一次哭闹时，妈妈的反应是把
她抱起来，这个习惯就此养成。小琪的技巧会越来越好，越来
越懂得用哭闹的手段，也越来越晓得怎么让别人痛苦。最后压
轴的手段是躺在地上，又踢又叫。当这出戏码在公共场合上
演时，妈妈会觉得很丢脸，如果是在家中上演，妈妈会觉得
沮丧又愤怒。情况如果继续这样发展下去，到最后，母女之
间的关系会变得紧绷，一触即发，到时母亲不得不写信向我
们求救，想知道如何管教一个愤怒、叛逆、不知感恩图报的
少女。这个小女孩还不满3个月大的时候，就已经发现利用情
绪来操纵的威力。好几天来，她不断磨炼控制的技巧，学会
利用母亲的罪恶感来控制母亲。只要一切都顺着她的意思，
她就很乖，一副讨人喜欢的样子。大多数的父母会忍受这种
行为，直到小孩两岁的时候，才觉得孩子够大了，可以在她
胡闹时打打屁股。第一次好好打她一顿屁股时，她会大发脾
气，哭得惊天动地，父母想到牧师说人类带有"罪性"，他
们想，也许这个孩子多了一倍的"罪性"。当父母带孩子去
看专业的心理辅导员时，他们会给她贴上"注意力短缺症"
（AttentionDeficitDisorder）的不实标签。

但故事还没完，这个有智慧的母亲决定重新训练她3个月大的女儿。明知道女儿一定会哭，她还是把女儿放下来，然后一副气定神闲的样子，丝毫不理会女儿的哭闹。只要小琪不哭，心情愉快，母亲就会把她抱起来，跟她一起玩。当母亲重新把小琪放回婴儿床时，小琪又哭了，母亲不理她，直到小琪的心情好转再理她。经过几天的训练，每次小琪哭都不理她，最后小琪就不再用哭来达到她的目的了。现在4个月大的小琪不再用哭做手段了，干吗哭呢？根本就没用。她被训练成要保持愉快的心情，这项训练对她的一生会有积极的影响。我听过一个丧气的母亲如此说（她有两个孩子，一个5岁，一个6岁）："等他们大一点你就知道！"其实小琪的哥哥姐姐也被训练得很好，经常保持愉快的心情，很听话。小琪的母亲大约在两年前开始有恒心地训练孩子，结果很有收获。她说："训练我的孩子真有趣，我很享受跟孩子在一起。"

几天后，有个15岁的女孩到他们家，小琪的母亲对她说："你把小琪抱起来一下。"这个女孩问："为什么要抱她起来，她又没有哭？"这个母亲回答："她哭的时候我不抱她起来，因为这会训练她用哭来达到目的，我都是在她表现良好时给她奖赏。"这个女孩立刻看出这是个明智的做法。也许将来这个女孩为人母之后，会明智地从宝宝一出生就开始训练，而不是等到3个月大才开始训练。

## 训练孩子不哭闹

去年秋天，在排球场上又上演了一出孩童训练戏码，有个妈妈天天把哭闹不休的9个月大女儿放在排球场边的一块木板上。我们每天下午打排球时，这对父母就轮流在场外陪这个哭闹不休的婴儿。这是他们的第一个孩子，他们肯定是好父母，以为有责任满足女儿在"情感上"的需要。你说有哪一对好父母会让可怜的婴儿独自坐在那里哭呢？有时候要叫我闭嘴真是难如登天，这一次嘛，我也没有乖乖闭嘴。我看着他们忍不住脱口而出，"你们就让她哭嘛，只要你们不过去，她就会自己玩了。"几天后我注意到，这个宝宝独自坐在木板上，而且没有哭。后来有个朋友想走到宝宝那里，做母亲的赶快警告她，"千万别过去，要不然等一下你走开时她又会开始哭。"我再度多管闲事，建议这个母亲照下面这个做法去做：每隔10分钟就走到心情愉快的宝宝那里，拍拍宝宝的头。等你走开时，宝宝可能会哭，但她会发现哭不能留住你的脚步。在这两个小时内，不断反复这个做法，不要理会她的哭声。短短几天内，这个小女孩就能够满足地在旁边自己玩了，偶尔会有人来注意她，但她不需要用哭来操纵别人注意她。今天她成了一个非常快乐的宝宝，她的母亲好得意，像一只下了双黄蛋的母鸡那样骄傲。

### 孩子跌倒

有一天我开着小货车出门，前面刚好是一辆载着干草的马车，突然一个四五岁的小男孩从马车上掉下来，跌坐在石子路上。没有人注意到他，马车继续向前走，我正想着要不要过去帮他，却见他一骨碌爬起来，跑去追马车。他努力想跳上马车，但试了几次都没成功，后来马车上有人看见他，就抓住他的手一拉，把他甩回马车上。这个小男孩坐好后，揉揉摔疼的部位就没事了。他没有因为躺在路上，受了点擦伤，就期待全世界要为他停下来。若是换成今天一个被溺爱、欠缺训练的孩子，我可以想象这个孩子会哭闹得多么凄惨。

### 我们家的孩子跌倒时

读了上面那几篇文章后，每次我们的孩子跌倒或受点轻伤，我跟先生就不会再赶快跑去哄孩子了。当然我们对孩子的安危都是随时提高警觉，但孩子不小心跌倒时，我们会赶快把头转开，假装没看见。现在当我们1岁的女儿跌倒时，她会自己爬起来，拍拍手上的灰尘，然后继续玩。

## 附录二　丹玛医师教你对付不吃饭和贫血的孩子

### 不吃饭的孩子

下面这个故事经常在我的诊疗室上演。史密斯太太带着3岁的女儿马莎进来，这小女孩很瘦，脸色苍白，舌头光滑，体力不好，经常哭闹，表情沮丧。我问母亲有什么问题，她回答："医生，这孩子都不吃饭。我为了让她吃东西真是伤透脑筋，也给她补充各种维生素和铁质，到现在已经看过好几个医生了。"

接着我问她："你女儿早上几点起床？"

"我都是让她睡到想起来再起来，大概9点、10点或更晚。"

"她早餐吃什么？"

"什么也不吃。"

"那你都准备什么样的早餐？"

"就看她要吃什么，有时候是早餐麦片，有时候是一杯牛奶，不过她都只是坐在那里，偶尔吃一两口。"

"那她下一次吃饭的时间是什么时候？"

"12点半左右。"

"她在两餐中间有没有吃东西？"

"如果她想吃的话，会吃些饼干，然后喝一杯饮料或牛奶。"

"她午餐吃什么？"

"什么也不吃。"

"那你都准备什么样的午餐？"

"有时候煮汤，有时候做三明治，但她都吃得不多。"

"她下一次吃饭的时间是什么时候？"

"差不多5点钟，是爸爸下班回到家的时间。爸爸喜欢早点吃晚餐，因为他中午都吃得很少。"

"你女儿下午有没有吃点心？"

"有，通常是喝点果汁或牛奶，吃点饼干。她喜欢装在奶瓶里喝。"

"晚餐呢？"

"晚餐我会煮得很丰盛，我先生的食量很大，我会准备肉类、蔬菜，一道淀粉类食物，和一道甜点。"

"你女儿吃完饭后就上床睡觉吗？"

"没有，等我们准备上床睡觉时，她才会上床，大约是11点。"

"她吃完晚饭后，有没有再吃点心？"

"有，我们家随时都准备有很多饮料、饼干和牛奶，这

样她想吃的时候就可以拿给她吃。我觉得只要能让她吃点东
西，不管吃什么，都应该比不吃好吧。"

仔细检查后通常会发现，这样的孩子可能很瘦，也可能看
起来很胖，因为肚子很大的关系。她的头发干涩，皮肤干燥粗
糙，摸起来像老年人的皮肤。她有很多蛀牙，牙齿珐琅质被侵
蚀得很厉害，可能还有几处齿龈脓肿。她的扁桃腺可能肿大，
这是因为经常吸吮，喉咙时常发炎。她的子宫颈腺可能都肿大
起来，像这样的孩子，有时候所有的淋巴腺都会比较大。她的
尿液呈碱性，通常可以在尿液中找到糖分和一些脓细胞。她的
血红素只有正常数值的一半，淋巴球的数量很高，红血球看起
来稀疏、苍白、无力。红血球的数量有时会低到令我担心这孩
子也许得了淋巴性白血病。心脏收缩时有轻微的杂音。

我检查完就对这个母亲说："这是很严重的情况，如果她
体内没有正常的带氧量，她的脑部、甲状腺、消化器官和体内
的每一个细胞，就无法正常运作。如果没有血液，就不能把氧
气输送到体内各部位的细胞。这个孩子需要多一倍的血液（或
血红素）……身体需要靠各部位同心协力才能运作，所以她没
有办法像同龄的孩子玩得那么尽兴，才会常常哭闹……她的身
体无法制造血液，没有血液就没有营养，她各部位的腺体都无
法正常运作……"

"虽然服用维生素和铁质有帮助，但不能解决这个问题。只有切实按照一套好方法去做，才能挽救这个孩子……"

"她的生活作息不应该由她自己来决定，你是她的母亲，你有责任教导她，替她决定，知道怎么做对她最好。你小的时候，母亲会让你睡到太阳晒屁股了才起床吗？她会让你自己决定什么时候吃饭，要吃什么吗？"

"没有，我母亲有很多事要忙，不可能让我们睡懒觉。我父亲天亮起床时，我们就得起床，跟他一起吃早餐。"

"你为什么不学学你的母亲，给孩子一个机会呢？"

"首先我们得治疗这孩子的牙齿，有脓肿的牙齿要拔掉，有蛀牙的牙齿要补好……当初你若能做到两件简单的事，今天她就可以保住牙齿，你也可以保住荷包。第一，不要让她在两餐之间吃东西；第二，不要给她喝汽水。"

"我以为多喝牛奶会让她的牙齿更健康。"

"牛、马、狮子和其他哺乳动物，在断奶之后就不再喝奶了，但它们的牙齿都好得很。"

"解决了牙齿和扁桃腺的问题之后，我要你照着下面这套程序做3个月，然后再回来看我。我不会开药给你，你只要照着母亲当初带你的方式去做就行了。

"早上你们夫妻起床时，女儿就得起床。你应该准备一顿丰盛的早餐，要有肉或蛋，燕麦片、玉米碎片或麦片粥，松饼或面包，新鲜水果和煮过的水果（如罐头水果），以及白开水。要在早上7点吃这顿早餐，等全家都上桌后才开动，开动前应该做个谢饭祷告。吃饭时不要讨论这些食物怎样，也不要批评这些食物。爸爸一吃完，就把饭桌收拾干净。接下来到12点半之前，你女儿都不能再吃东西或喝饮料。如果爸爸不在家，中午可以吃前一天晚上的剩菜。你做晚餐时要事先考虑到这一点，多煮一些，可以当你跟孩子第二天的午餐。午餐绝对不要只做个三明治或煮个汤，吃午餐时不能喝饮料，只能喝水。到晚上6点吃晚餐之前，都不能吃别的东西或喝饮料，只能喝水。晚餐应该有肉、绿色蔬菜、淀粉类食物、新鲜水果和煮过的水果、生菜色拉、全麦面包，以及白开水。

"白天不要让她睡觉，只有吃过午饭后应该休息1个小时，这样她到了晚上6点半到7点时，就已经准备好可以上床睡觉了。试试看，好好和女儿过每一天，让她帮你做家务，你也准备好帮助她解决问题。教她缝纫，烘焙时让她在旁边帮忙，吃完午饭读故事书给她听，教她怎么自己玩，自己做娃娃和娃娃的衣服。你若这么做，就会变成一个快乐的妈妈，而她则会发现童年最重要的一件事——有个母亲能够好好地引导她。"

如果做母亲的真的照我的方法做3个月，下次回来复诊时一定会说：“医生，我以前都不知道我的孩子这么好，现在她带给我们许多快乐，全家和乐融融。小孩子再也没有不肯上床睡觉的问题，也没有不吃饭的问题了。”

人生十分短暂，为什么不愿意给我们的孩子一个机会，好好养育他们呢？今天（从前也是一样）的首要之务是——爱孩子，给孩子健康的身体，让他明白进退之道，懂得尊重他人，对人抱着感恩的态度。从受孕那一刻到孩子6岁，是一个人生命中最重要的时期……

孩子满6岁以后，如果我们之前没有用唠叨、强迫和贿赂的方式来塑造他的性格，他的食欲就会很好，接下来两年会发育得很快。两年后食欲会持平，体重慢慢增加，食量普通。到了青少年时期，食欲会大增，尤其是男孩。其实不管是男孩还是女孩，只要遵守健康准则，别在两餐之间吃东西，让胃有机会空下来，这段时间的食欲就会大增。

### 贫血的孩子

小孩子如果贫血，能不能自然痊愈，让身心恢复最佳状态，就看血液中有没有足够的带氧量。但身体若要造血，就必须有适当的饮食，也必须解决导致贫血的感染源。

有一个人常常听到别人说，只要摄取铁质和维生素，贫血就会好。有一天他终于听够了，忍不住说："为什么要吃药来帮忙造血？为什么不直接找出导致贫血的原因呢？"

有几种贫血症需要持续服药，但我这里要讲的贫血不是这几种，我是指常见的续发性贫血，这是可以治愈的……如果我们光开药给贫血患者服用，却不除掉导致贫血的病因，那么停止服药后，就会再度贫血。如今有许多贫血的孩童和大人，都只是针对症状服药而已。

你去看看贫血孩童的生活起居和饮食，会发现情形都一样。

"有什么问题吗？"

"医生，我这个孩子一天到晚生病，不吃饭，睡不好，很爱哭，爱发脾气，便秘，我实在不明白，这个孩子怎么问题这么多。我带他看过很多医生，什么药都吃过了。"

"他当初是吃母乳还是配方奶？"答案通常是喝配方奶。

"我看一下你们每天的作息时间表。"

"我没有作息时间表，都是小孩子要怎样就怎样。"

"那他早上几点起床？"

"没有固定的时间，有时9点，有时10点。"

"他早餐吃什么？"

"什么也不吃。"做母亲的说完后，通常又会补充，其实他吃了一点早餐麦片加牛奶，或是吃了吐司夹果酱，也许还喝了一杯牛奶，反正只要他肯吃就谢天谢地了。

"他下次再吃饭是什么时候？"

"大约12点。"

"他午餐吃什么？"

"除了喝牛奶，其他几乎都不吃。"

"他什么时候睡午觉？"

"大约下午2点。我会给他奶瓶，让他带上床去喝。"

"他几点醒来？"

"大约下午三四点。"

"起来后，你会给他吃东西吗？"

"会，我给他一个奶瓶和一些饼干。"

"他什么时候吃晚餐？"

"大约6点。"

"他晚餐吃什么？"

"不多，也许吃点肉和马铃薯，然后喝奶瓶里的牛奶。"

"他什么时候上床睡觉？"

"大约10点，我会给他奶瓶，让他带上床去喝。他整晚都含着奶嘴睡觉。"

贫血的孩子需要的不是药，而是一个好妈妈和营养健康的食物，他也需要接受彻底的检查。如果他有一颗牙齿坏了，就应该把它拔掉或治好。如果他的扁桃腺不断发炎肿大，就应该摘除……应该尽力找出导致贫血的感染源。但是要一边找出根本原因，一面给孩子吃些有营养的食物，让他摄取铁质和维生素等，使身体恢复造血的功能。

孩子贫血后，刚开始代谢功能会变差，活动力变小，食欲变差，母亲会越来越担心，最后开始强迫孩子吃东西，或是一天到晚给孩子吃点心。这些孩子的情形都很像，他们喝很多牛奶，有的用奶瓶，有的用杯子，有些孩子的血红素低到只有正常数值的十分之一。

动物在断奶之后就不再喝奶了……它们都不会蛀牙，也不像人类会贫血。1岁大的德国牧羊犬如果吃它该吃的狗食，每餐有肉有蔬菜，就会有正常的血红素数值和六百万个红血球。如果仍然喂它一样的食物，但每天多给它喝一夸脱（约1.2升）的牛奶，两个月后，它的血红素数值和红血球数量都会降低百分之三十。如果只给这只狗喝牛奶，它活不到两个月。我会知道这些是因为我做过实验。

为什么喝了奶之后，红血球数量和血红素都会降低？真正的原因没有人知道，但确实会有这种情形。并不是因为这只动物只喝牛奶，不吃别的东西，平常饮食正常的狗和猫，在多喝牛奶的情况下，仍会患上贫血。但只喝牛奶的动物，会更快罹患贫血，而且病况会严重得多。

这种情形在现代孕妇身上很明显，怀孕3个月后，胃口大多很好，但有些孕妇还没怀足9个月就患了严重的贫血。这些母亲通常听从建议开始喝牛奶，主要是为了宝宝的健康，以及多补充钙质。但如果她们已经有适当的饮食，喝牛奶不但没有必要，反而有害身体。

患贫血的孩童有一些典型的症状——面色蜡黄，手脚呈O字形，大大一张国字脸，手腕和脚踝肥大，腹部鼓起。可是如果不再喝牛奶，开始吃些营养健康的食物，并且两餐之间相隔5个半小时，这些症状就会消失。我给许许多多贫血孩童开的菜单，原则上都是每餐要有肉，如牛肉、羊肉、鸡肉、鱼肉、肝等肉类；一天吃三次蔬菜，如米豆、卷心菜、秋葵、青花菜、白花菜、瓜类、甜菜根、四季豆等；还有水果，如香蕉、苹果、梨子、李子。淀粉类可以吃全麦谷片、地瓜、燕麦粥、全麦面包或糙米，不喝饮料，只喝水。第一个月，血红素数值会上升10%到12%，不是很快，但等孩子的身体造出足够的血和骨髓之后，就有机会恢复正常，这时血红素数值就会上升得比较快。

做母亲的必须知道，刚开始的进展一定比较慢，她必须了解，没有血就不能造血。当血红素数值是正常值的10%到50%之间时，造血功能会比正常情况低50%到90%。一旦母亲了解孩子的状况，知道应该按照一套合适的作息时间表之后，就会恍然大悟，她的孩子需要的不是医生，而是一个好母亲，愿意帮助孩子培养出强健的身体，让身体的功能可以充分发挥出来。

我从来不会告诉做母亲的，血红素数值恢复正常后，孩子每科成绩都会拿甲，但我会告诉她，正常的血红素数值会帮助孩子大脑的功能充分发挥出来。我们帮助孩子的时候，要找出真正的问题所在，不能够只看表面的问题。我们不能强迫他出去玩，而是要帮助他有体力，让他自然想去玩。我们不能够强迫孩子吃，而是要帮助他有体力，让他自然想要吃。这些都是很简单的道理，只要稍微想一想，就会懂得身体的运作原理。许多家庭花很多钱买各种含糖饮料、牛奶、早餐谷片、饼干等东西，其实可以拿这些钱来买好的肉类、蔬菜、水果和全麦的淀粉类食品。他们是花钱来摧毁自己的身体，而不是花钱让身体更健康。所以预防贫血最重要的一步，就是正确的饮食，尽量到户外去，天天运动，不要吃对身体有害的东西。我们必须教育做母亲的，让她们知道自己是孩子生命中最重要的人，她们应该用愉快平和的心态来扮演母亲的角色，而不是觉得自己像受到惩罚一样。她们必须知道能够为人母是个特权，而不是一份苦差事。我看过许多小学生因为得到妥善的照顾，成绩突飞猛进。也看过许多家庭在妥善的照顾下，从一团混乱变成温馨舒适的住处。当母亲发现孩子身体不好，或是行为不正常、闷闷不乐，她就应该问问自己下面这些问题：

- 我给孩子吃的东西对不对？
- 孩子两餐之间有没有相隔5个半小时？
- 孩子在两餐之间有没有吃东西？
- 孩子应该吃多少东西，才能够使他的血红素数值上升？
- 我有没有让孩子养成予取予求的习惯？
- 孩子有没有在7个月大时断奶？还是现在仍在喝奶？
- 孩子每天喝多少奶？
- 桌上的菜肴看起来好吃吗？
- 孩子吃饭的时候开不开心？我有没有常在饭桌上唠叨？我吃饭时是不是一直在注意孩子吃些什么、吃多少？
- 我做的饭菜是不是营养均衡又完整，还是像吃点心一样？吃饭时我会给孩子喝含糖饮料吗？我会在孩子吃饭之前，先给他喝杯牛奶吗？
- 我会不会在饭桌上贿赂孩子，对他说，如果把饭吃完，我就给他蛋糕吃？
- 孩子会不会觉得能吃饭是个特权，而不是件苦差事？

● 孩子的睡眠够不够?

把这些问题分析完之后,如果确定孩子的问题跟我们的做法没关系,就应该带孩子去看医生,因为他可能是病了。正常的孩子很快乐,会愿意吃东西,这样的孩子不会无缘无故贫血。

# 附录三　好书推荐

本书中有许多育儿理论,是我从玛蒂亚姑姑的《丹玛医师说》这本书中学到的,我到现在还是常常跟人推荐这本书。这本书已经出到第3版,书中有丹玛医师的一些重要建议,以及玛蒂亚姑姑养育11个孩子的亲身经验和心得。书中针对一些常见的小毛病、传染病、过敏症、消化疾病等,提出许多有用的医疗建议。玛蒂亚姑姑24年来养育了11个孩子,丹玛医师是她主要的儿科医师,她将这些经验记录下来,并且花了许多时间访问丹玛医师,谈到各种跟孩童健康有关的问题。另外也有几章,谈到母亲亲自照顾孩子的重要性,以及孩子的需要。如果你能够阅读英文书籍,特别建议你买这本书来看(目前只有英文版),请上这个网站:www.drdenmarksaidit.com

# 致谢

感谢上帝赐给我一个好丈夫和3个宝贝女儿。

感谢我先生给我最大的支持，在我写书期间，乐意照顾3个幼女，并且不断地为我们全家"舍命"。

感谢丹玛医师的乐意协助，她的智慧和幽默感，不断启发我享受育儿之乐，做个好妈妈。希望本书可以尽绵薄之力，传承她的精神。

感谢史帝夫姑丈和玛蒂亚姑姑。从6年前我们打电话问他们怎么训练宝宝一觉到天亮，他们就一直给我们很多帮助。他们大力支持本书的出版，阅读我的书稿，提供建议，并且欣然同意我摘录玛蒂亚姑姑的书。

感谢波尔夫妇（MichaelandDebiPearl）慨然允诺我摘录他

们的文章，他们的育儿理论大大改变了我们的家庭生活。

感谢我父母林义雄和方素敏不断热心地支持我、协助我。

感谢许惠珺，很荣幸有这么一位优秀的译者为我译书。

感谢圆神出版事业机构和悦读纪传媒公司，谢谢你们的用心和努力！